助力乡村振兴
出版计划

【新型农民职业技能提升系列】

畜禽
无公害饲料
配制技术

主　编　朱雯

副主编　张玲　王评评

编写人员　（按姓氏笔画排序）

王世琴　李爽　卓钊　薛艳锋

时代出版传媒股份有限公司
安徽科学技术出版社

图书在版编目（CIP）数据

畜禽无公害饲料配制技术 / 朱雯主编.--合肥:安徽
科学技术出版社,2023.12
助力乡村振兴出版计划.新型农民职业技能提升系列
ISBN 978-7-5337-8627-4

Ⅰ.①畜… Ⅱ.①朱… Ⅲ.①家禽-饲料-配制-无污
染技术 Ⅳ.①S816

中国版本图书馆 CIP 数据核字(2022)第 222335 号

畜禽无公害饲料配制技术

主编 朱 雯

出版人：王筱文 选题策划：丁凌云 蒋贤骏 余登兵 责任编辑：王 霄
责任校对：李 茜 责任印制：梁东兵 装帧设计：冯 劲
出版发行：安徽科学技术出版社 http://www.ahstp.net
（合肥市政务文化新区翡翠路 1118 号出版传媒广场,邮编:230071）
电话：(0551)63533330
印 制：合肥华云印务有限责任公司 电话:(0551)63418899
（如发现印装质量问题,影响阅读,请与印刷厂商联系调换）

开本：720×1010 1/16 印张：10.5 字数：170 千
版次：2023 年 12 月第 1 版 印次：2023 年 12 月第 1 次印刷

ISBN 978-7-5337-8627-4 定价：39.00 元

出版说明

　　"助力乡村振兴出版计划"（以下简称"本计划"）以习近平新时代中国特色社会主义思想为指导，是在全国脱贫攻坚目标任务完成并向全面推进乡村振兴转进的重要历史时刻，由中共安徽省委宣传部主持实施的一项重点出版项目。

　　本计划以服务乡村振兴事业为出版定位，围绕乡村产业振兴、人才振兴、文化振兴、生态振兴和组织振兴展开，由"现代种植业实用技术""现代养殖业实用技术""新型农民职业技能提升""现代农业科技与管理""现代乡村社会治理"五个子系列组成，主要内容涵盖特色养殖业和疾病防控技术、特色种植业及病虫害绿色防控技术、集体经济发展、休闲农业和乡村旅游融合发展、新型农业经营主体培育、农村环境生态化治理、农村基层党建等。选题组织力求满足乡村振兴实务需求，编写内容努力做到通俗易懂。

　　本计划的呈现形式是以图书为主的融媒体出版物。图书的主要读者对象是新型农民、县乡村基层干部、"三农"工作者。为扩大传播面、提高传播效率，与图书出版同步，配套制作了部分精品音视频，在每册图书封底放置二维码，供扫码使用，以适应广大农民朋友的移动阅读需求。

　　本计划的编写和出版，代表了当前农业科研成果转化和普及的新进展，凝聚了乡村社会治理研究者和实务者的集体智慧，在此谨向有关单位和个人致以衷心的感谢！

　　虽然我们始终秉持高水平策划、高质量编写的精品出版理念，但因水平所限仍会有诸多不足和错漏之处，敬请广大读者提出宝贵意见和建议，以便修订再版时改正。

本册编写说明

　　《畜禽无公害饲料配制技术》是"助力乡村振兴出版计划"系列丛书,为乡村农业经营主体、基层三农工作者、畜禽养殖专业户提供针对性的技术指导。

　　目前,我国的肉、蛋、奶产量均已位居世界前列,肉、蛋人均占有量已经超过世界平均水平。但是,随着畜禽养殖规模化程度的提高,饲料的无公害配置技术缺失已成为限制畜禽生产的主要因素之一,超量或违禁使用有害物质而导致畜禽产品残留超标时有发生,不仅成为社会关注的焦点,而且也制约了畜禽产品的出口。因此,如何合理配置畜禽无公害饲料,保证畜禽产品生产的安全、高效、优质,不仅是畜禽养殖业自身可持续发展的问题,还关系到消费者的身体健康、国际贸易平衡发展等诸多问题。

　　《畜禽无公害饲料配制技术》一书共分为六章,主要包括无公害饲料配方设计的基础知识,无公害饲料的配制技术,无公害猪饲料、牛羊饲料和禽饲料的配制与加工等。通过介绍无公害饲料的基础知识与配制技术、畜禽的消化道结构与营养需要、养分与饲料的关系及饲料的加工方法等,为畜禽的高效健康养殖提供相关理论知识与实践指导。

　　本书的编写得到了安徽农业大学、安徽科技学院和南陵县养殖业服务中心研教工作者的大力支持,编写人员认真负责,对书稿进行了反复的讨论与修改,在此表示感谢。

目　录

第一章 绪　论

第一节　无公害畜禽饲料概述

一　无公害畜禽饲料概念

无公害畜禽饲料是指采用符合国家无公害饲料原料标准的原料和国家批准使用的饲料添加剂生产的无农药残留、无有机或无机化学毒害品、无抗生素残留、无致病微生物、霉菌毒素不超过标准的饲料,同时还应满足所饲养动物的营养需求,其种类包含浓缩料、预混料和配合饲料等。

二　畜禽饲料无公害标准化生产的重要意义

改革开放40余年来,我国畜牧业生产规模、结构、方式及理念等方面取得了辉煌成就,给我国农业生产面貌和膳食营养水平带来了深远的影响。据中华人民共和国农业农村部(以下简称"农业部")统计,2021年全国奶牛存栏615万头、肉牛存栏9 817万头、肉羊出栏31 969万只、肉鸡出栏1 250 000万只,养殖体量大,且规模化程度逐步增加。在畜牧业取得较好成就的同时,也出现了新的挑战。目前,我国已经全面进入小康社会,随着社会经济的发展和城乡人们生活水平的提高,人们对肉、蛋、奶等食品的质量安全越来越看重。特别是近年来伴随着瘦肉精、三聚氰胺、红心鸭蛋等食品安全事件的发生,畜禽产品质量安全已经成为畜牧业发展的主要问题之一。

安全饲料是生产无公害产品的基础,实施饲料无公害标准化生产可以提高饲料产品质量和经济效益,保证饲料安全,促进养殖业健康可持续发展,提供优质健康畜禽产品,保障居民身体健康,改善居民生活水

平。为此,我国先后颁布了一系列法规、条例和准则,并且不断修订以规范饲料和添加剂的生产。农业部于2016年1月26日发布《无公害食品畜禽饲料和饲料添加剂使用准则》(NY5032—2006),规定了生产无公害畜禽产品所需的各种饲料的使用技术要求,以及加工过程、标签、包装、贮存、运输、检验的规则,为无公害饲料的生产与使用提供了依据和准则。同时,通过对饲料及饲料添加剂生产严格的监督管理来确保饲料和畜产品的安全、卫生生产。

▶ 第二节 畜禽营养需要

畜禽在生长发育或生产的过程中都需要大量的营养物质,这些营养物质主要包括能量、蛋白质、纤维、矿物质、维生素和水等。因此,只有了解畜禽的营养需要特点,才能为其提供合理、全面的营养。

一 能量

能量是供畜禽正常生长、繁殖、运动、呼吸、血液循环、消化、吸收、排泄、神经传导、体液分泌和体温调节等生理功能的需要。畜禽日粮能量水平对饲料转化率起决定作用。能量水平高,采食量少,转化率高;能量水平低,采食量加大,饲料转化率低。鸡日粮中各种营养素的平衡都要以能量水平为基础,并和能量保持一定的比例。能量水平提高时,其他营养素的含量也相应提高;能量水平低时,其他营养素含量也相应降低。

畜禽所需要的能量来源于碳水化合物、脂肪和蛋白质三大类营养物质,猪和禽主要的能量是从碳水化合物中的淀粉、纤维素等多糖体的分解产物葡萄糖中取得;牛、羊能量主要来自饲料中的碳水化合物、脂肪和蛋白质,但主要是碳水化合物,其在牛瘤胃中被微生物分解为挥发性脂肪酸(VFA)、二氧化碳、甲烷等,其中VFA被瘤胃壁吸收,成为能量的主要来源。猪和禽不能利用纤维素和木质素中所含的能量。在饲料的碳水化合物中,多糖类淀粉是畜禽最大量的可消化能源。淀粉主要存在于谷物、种子和块茎(块根)中。与碳水化合物相比,脂肪产生的能量要比碳水化合物多得多,但不作为饲料中能量的主要来源。国外在畜禽粮中添加1%~5%脂肪,以提高日粮的能量水平,特别是提高饲料利用效率,这对于畜禽都有较好效果。蛋白质也可用于生产能量,但因其价格昂

贵,在配合饲料中不建议将蛋白质作为能量的供给物质。

二 蛋白质

　　饲料中所有含氮物质统称为粗蛋白质,包括真蛋白质和非蛋白含氮物。蛋白质具有重要的营养作用,是畜禽日粮中最重要的营养物质,是细胞核、细胞膜和细胞间质的主要成分,是一切生命活动的物质基础;是机体的肌肉、血液、皮肤、神经、内脏,甚至是骨骼等各种组织器官,以及羽毛等的主要成分;是动物在生命活动过程中增长新的组织、修补旧的组织和蛋的形成的必需物质;是新陈代谢过程中所需要的特殊物质,如酶、激素、色素和抗体的主要组成成分。饲料中的蛋白质在动物机体内经胃肠道的消化和分解变成氨基酸被肠壁吸收,进入血液供机体利用。当畜禽日粮中缺乏蛋白质,就会影响机体的生长发育和繁殖性能。虽然蛋白质是畜禽生长发育不可缺少的营养素,但并不是饲料中蛋白质含量越高越好,蛋白质含量与能量等营养素平衡,才能发挥其应有的作用。片面地提高饲料中蛋白质含量,而不注重能量和氨基酸的合理搭配,多余的蛋白质会首先转化为能量造成浪费;同时,多余蛋白质代谢会加重肾脏负担,畜禽的体热增高,舍中氨气含量升高,给动物的生长造成不良影响。

　　畜禽维持生命和生产所需的蛋白质来源主要有植物性蛋白和动物性蛋白,常用的植物性蛋白源有豆粕(豆饼)、葵花饼、棉籽饼,动物性蛋白源有鱼粉等。豆粕是最优质的植物蛋白;葵花饼作为蛋白源时,由于其代谢能水平较低,故在全价饲料中配比不高;由于棉粕中含有棉酚毒素,因此在畜禽饲料中也会控制使用。鱼粉是优质的动物性蛋白质饲料,其所含的氨基酸与家禽营养需要的氨基酸模式最为接近,是理想的饲料,但是反刍动物禁用。

三 维生素

　　维生素属于低分子有机化合物,是动物体内启动、调节物质代谢的参与者,是维持动物健康生长所必需的,主要作为饲料原料中天然存在的维生素的补充,包括水溶性维生素和脂溶性维生素。

(一)水溶性维生素

1.维生素A

　　维生素A的主要作用是加强上皮组织的形成,维持上皮细胞和神经

细胞的正常功能,保护视觉正常,增强对传染病和寄生虫的抵抗能力,促进畜禽生长发育。维生素A缺乏时比较典型的症状:眼睛发炎、肿胀,甚至失明;成年鸡产蛋率下降。

2.维生素D

主要作用有参与骨骼、蛋壳形成的钙磷代谢过程,促进胃肠对钙磷的吸收。维生素D缺乏时的典型症状主要表现:瘫痪、骨骼畸形,胸骨弯曲、内陷,骨密度低,产蛋鸡产的蛋薄壳、软壳多。

3.维生素E

有效的抗氧化剂、代谢调节剂,对消化道和机体组织中的维生素E有保护作用,能提高畜禽繁殖性能,调节细胞核的代谢机能,并能促进免疫功能。提高畜禽抗病力,增强抗应激能力。维生素E缺乏症主要表现为脑软化症、渗出性素质病和白肌病。

(二)脂溶性维生素

1.维生素B_1(硫胺素)

主要作用是开胃助消化。缺乏症主要为多发性神经炎,可表现为厌食、消瘦、消化障碍,体弱、角弓反张,头后仰呈观星状,抽搐运动失调,肌肉麻痹等。

2.维生素B_2(核黄素)

参与体内的生物氧化反应,对调节细胞呼吸起重要作用,维生素B_2特征性缺乏症主要见于雏鸡趾爪向内蜷曲,两腿瘫痪;猪易食欲不振,生长停止,皮毛粗糙,有时有皮屑、溃疡及脂肪溢出的现象,眼角分泌物增多;母猪则怀孕期缩短,胚胎早期死亡,泌乳力下降;公猪则睾丸萎缩。有时会出现所产仔猪全部死亡,或产后48小时死亡的现象。当猪舍寒冷时,猪的维生素B_2需要量就会增加。

3.泛酸

是辅酶A的组成部分,与碳水化合物、脂肪、蛋白质代谢有关。缺乏症主要表现为病鸡嘴角出现损伤、头部羽毛脱落,头部、趾间和脚底皮肤发炎,表层皮肤有脱落现象,并产生裂隙,以致行走困难等症状;当猪缺乏泛酸时常患皮肤脱落性皮炎,食欲下降或消失,下痢,后肢肌肉麻痹,唇舌有溃疡性病变;贫血,大肠有溃疡性病变,心肝及体重减轻、呕吐。

4.胆碱

是少数能穿过"脑血管屏障"的物质之一,有调节脂肪代谢的作用,缺乏时,幼龄动物发育迟缓,并引起骨短粗症;成年动物则会引发脂肪肝,繁殖能力下降,食欲减退。

5.烟酸

与机体碳水化合物、脂肪、蛋白质代谢有关,缺乏症症状一般表现为食欲减退、生长迟缓,被毛蓬乱且缺乏光泽,飞节肿大,骨短粗,腿骨弯曲。

6.维生素B_6(吡哆醇)

主要参与糖、脂肪、蛋白代谢。

7.生物素

与各种有机物代谢有关,动物脚/蹄底粗糙、结痂,有时开裂、出血,爪趾坏死、脱落。

8.叶酸

对幼龄动物生长有促进作用,对羽毛生长有促进作用,缺乏叶酸时表现为生长不良、贫血、羽毛色素缺乏,有的发生神经麻痹。雏鸡生长缓慢,羽毛生长不良,骨粗短。

9.维生素B_{12}(钴胺素)

主要参与核酸合成、碳水化合物的代谢、脂肪代谢及维持血液中的谷胱甘肽,有助于提高造血功能,能提高饲料中蛋白质的利用率;缺乏时,则引起营养代谢紊乱、贫血等病症,雏鸡缺乏时生长缓慢、贫血、饲料利用率低、食欲不振甚至死亡,产蛋鸡缺乏时产蛋率低、种蛋孵化率低。

10.维生素C

与细胞间质、骨胶原的形成和保持有关,可增强机体免疫力,有促进肠内铁的吸收的作用,也可用于重金属离子中毒和药物中毒的解毒,贫血的辅助治疗,缺乏时会导致维生素C缺乏症,生长停滞,体重减轻,关节变软,身体各处出血、贫血。

(四)矿物元素

矿物质在饲料中以无机盐和有机盐的形态存在,通常按它们占机体总重量的比例进行划分,常量元素是占机体总重量0.01%以上的元素,共7种,分别是钙、磷、镁、钠、钾、氯和硫;微量元素是占机体总重量0.01%以下的元素,共9种,分别是铁、锌、锰、铜、碘、钴、钼、硒、铬。

矿物质元素在机体内含量虽少,却起着重要作用。首先,矿物质元素构成机体成分,虽然矿物质本身没有能量,但与产生能量的碳水化合物、脂肪、蛋白质的代谢有密切关系,是生命过程中的必需物质。其中,钙、磷和镁是机体的重要结构物质,磷几乎参与体内的各种反应。其次,矿物质元素可以维持机体内的酸碱平衡,无机盐类是体内重要的缓冲物质,组成的缓冲体系可有效维持体内酸碱平衡。同时,矿物质元素还可以维持细胞膜的通透性,调节体液渗透压的恒定,其中,钾、钠、钙、镁等维持了细胞内外液渗透压。矿物质元素还可以影响其他物质的溶解度,胃液中的盐酸可溶解矿物质,便于机体吸收,血液中氯化钠可提高磷酸钙的溶解度,体内某些盐类也有助于饲料中蛋白质的溶解。最后,矿物质也是机体内许多酶的激活剂,盐酸可将胃蛋白酶原激活为胃蛋白酶,有时候矿物质直接参与酶的组成。

(一)常量元素

1.钙和磷

钙、磷是构成骨骼与牙齿的主要成分,其在产蛋鸡中主要用于蛋壳形成。钙是血凝的必要条件,在酸碱平衡与渗透压恒定中也起重要作用,钙与钾、钠两种物质共同作用于心脏活动。钙是配合饲料中添加量最大的矿物质。钙、磷缺乏则会导致机体生长受阻,从而导致骨质疏松或患佝偻病,使鸡不愿意采食与活动,对外界刺激敏感性减低;产蛋鸡蛋壳质量不好,破损率明显上升,严重缺钙会影响到产蛋量。但过多在饲料中补钙也有害无益,因为高钙日粮适口性差,动物不愿采食,过高的钙反而使钙的吸收率下降。

动物对不同来源的磷利用率不同,植物性饲料中磷多为植酸磷(65%以上),因机体肠道中缺少植酸酶而不能充分利用;矿物性饲料中的磷,动物可充分利用。

2.钠

钠是机体正常代谢的必需元素,在调节体液渗透压和缓冲酸碱平衡方面有重要作用。钠与其他离子共同参与维持肌肉神经的正常兴奋性。机体内的钠主要存在于软组织与体液中,是血浆与其他细胞外液中的主要阳离子。

植物性饲料中钠含量通常很少,所以在动物生产中要额外添加氯化钠(食盐)来补充钠的不足。当钠缺乏时,动物的食欲与消化系统受影响,如生长受阻、骨骼变软、体重减轻。

3.钾

钾是细胞内液中主要的阳离子之一。钾、钠和氯元素共同调节渗透压和保持酸碱平衡,并对保持细胞容积起重要作用。钾在应激反应缓解中起作用,并参与碳水化合物代谢,在赖氨酸分解代谢中也有钾参与。通常在饲料中,钾的含量都会超过鸡对钾的需要量,不会发生缺乏症,但在应激反应严重时会发生低钾血症。

4.氯

氯离子是机体细胞外液中重要的阴离子,与钠、钾共同调节酸碱平衡与渗透压。在鸡的胃液中氯以盐酸形式作为胃液组成成分,对激活胃蛋白酶原起重要作用。氯还与唾液中淀粉酶形成复合物。同钠一样,氯在植物性饲料中含量较少,不能满足动物需要,要以食盐的形式在饲料中添加。缺乏氯后,动物生长受阻,出现神经症状,严重缺乏可导致死亡。

5.硫

含硫氨基酸(蛋氨酸、胱氨酸与半胱氨酸)、含硫维生素(硫胺素与生物素)、含硫激素(胰岛素等)这三类物质都与动物的生长、生产有重要关系。硫的功能也是通过上述三类物质的作用表现出来。机体内硫的主要来源是饲料中的蛋白质,当蛋白质缺乏时,就产生缺硫症状:羽毛生长不良、脱羽、食欲降低、体质弱,长期缺硫可发生死亡。

6.镁

在机体所有组织中都有镁,但主要存在于骨骼中。在代谢反应中,很多酶由镁激活,特别是在碳水化合物与蛋白质代谢中,镁起重要作用。镁与钙、磷代谢有关,过多镁影响钙的沉积,如钙、磷过多也影响镁的作用。机体缺镁后,钾不能在体内留存而发生钾缺乏。植物性饲料中的镁含量丰富,特别在麸皮、棉籽粕中含量多,鸡对镁的需要量不大,通常0.05%即可满足,所以一般饲养中不会出现缺镁,营养标准也多不列出镁的需要量;仔猪日粮中镁的含量低于125毫克/千克时可能产生缺乏,造成生长受阻,表现为过度兴奋、痉挛、厌食、肌肉抽搐,甚至昏迷、死亡。但是,猪日粮中镁过量也造成中毒,主要表现为昏睡、运动失调、腹泻、采食量下降、生产力降低,甚至死亡。

(二)微量元素

1.铁

铁参与机体内氧的运输、交换和组织呼吸过程,机体内有2/3的铁存在于血红蛋白中。铁还贮存在动物肝脏、脾脏与骨髓中,还有少量存在于肌红蛋白与某些酶系中。铁主要在机体十二指肠内以亚铁形式被吸收,靠调节吸收量来维持体内平衡。并非任何形式的铁都可被动物吸收,只有硫酸亚铁与柠檬酸铁铵的生物学效价高,而三氧化二铁利用率最低。动物缺铁后,发生贫血,过高供给会造成中毒,引起消化机能紊乱,使生长减慢。

2.铜

铜是许多氧化功能酶的组成部分,如铁氧化酶、酪氨酸酶等。在形成血红蛋白时也要有铜,如没有铜仅有铁无法形成血红蛋白。铜多在小肠中被吸收,肠内pH与铜吸收有关,钼也影响铜的吸收;pH升高,钼含量高,都影响铜的有效吸收。饲料中缺铜,动物生长受阻,骨脆易断,有时也表现运动失调与痉挛性瘫痪。通常饲料中不会缺铜,但当土壤含铜量低时,植物性饲料原料含铜量低,在配制饲料时注意添加铜。

3.锌

锌是动物体内多种酶的组成成分或激活剂,如碳酸酐酶、磷酸酶和某些脱氢酶,核糖核酸聚合酶需锌激活,胰岛素中也有锌。锌在鸡的繁殖与新陈代谢中起着重要作用,羽毛生长,皮肤健康和组织修补都需要锌。各种饲料原料中只含有微量的锌,一般情况下不能满足鸡的需要,无论是生长鸡还是产蛋鸡都要在日粮中补加锌。日粮中高钙时,可影响锌的吸收,诱发缺锌症。生长鸡缺锌后,生长受阻,皮肤上有鳞片屑,羽毛蓬乱、食欲不振,严重缺锌可引起死亡。产蛋鸡缺锌后产蛋率下降,孵化率降低,鸡雏畸形,即使能孵出鸡雏,生命力也不强,育雏成活率低;猪缺锌会使皮肤抵抗力下降,发生皮肤角化不全、结痂、脱毛、食欲减退、日增重下降、饲料利用率降低等症状,母猪则产仔数减少,仔猪初生重下降,泌乳量减少。

4.锰

锰对动物的生长、繁殖和代谢起着重要作用。锰是许多酶系的激活剂,如激活半乳糖转移酶和精氨酸酶等。锰还参与胆固醇的合成。锰主要存在于动物的血液和肝脏中。生长鸡缺锰后,可见骨短粗症(跛行、腿短而弯曲、关节肿大)与滑腱症(腓肠肌腱从踝骨脱落)。产蛋鸡缺锰后产蛋率下降,蛋壳品质恶化,所产种蛋孵化后,多在胚胎后期(18~21天)死亡,即便孵出雏鸡也会产生共济失调。以玉米、豆粕为主的饲粮中,锰含量不足,要额外添加。

5.碘

碘主要存在于动物机体的甲状腺中,是甲状腺素的重要组成成分。甲状腺素属于激素的一种,它调节机体的新陈代谢,对生长与繁殖都有影响。内陆山区都缺碘,需要在动物饲粮中加碘,但加碘食盐不可多补,以免引起碘中毒。产蛋鸡吸收碘后,可迅速转移到蛋黄中,所以有厂家生产高碘蛋。

6.硒

硒是生命活动所必需的微量元素,在机体组织中广泛分布,具有强效的抗氧化、抗炎、抗衰老、预防癌症、提高免疫力和解毒、排毒等多种生物学功能,对健康有多种复杂的影响。饲料中硒含量与土壤硒含量相关,我国是一个硒缺乏国家,目前测得土壤硒浓度为0.010~16.240毫克/千克,平均硒含量为0.235毫克/千克,低于全球平均土壤硒含量。我国从东北到西南存在一个明显的缺硒地带,约72%的地区缺硒,29%地区严重缺硒。同时我国存在硒过剩地区,包括:湖北恩施,陕西紫阳,安徽宁国,贵州开阳和清镇。我国饲料、牧草中含硒量的测定调查表明,有2/3以上地区缺硒,饲料、牧草中硒含量严重缺乏。因此,在实际生产过程中需要根据饲料原料的硒含量精确配制饲粮,确保不因饲料产地的区域性造成硒元素的缺乏或中毒,同时注意硒的添加要混合均匀,防止局部过量中毒。

（五）水

水是机体各种组织、器官、体液的重要组成部分,对调节体温、吸收营养物质具有重要作用。水在养分的吸收与消化、转运代谢过程和代谢产物的排泄、血液循环、体温调节、骨骼关节润滑等方面有特殊的作用。当体内损失1%~2%水分时,会引起食欲减退,损失10%水分会导致代谢紊乱,损失20%则发生死亡现象。动物对水的需要可通过饮水、饲料中的水及营养物质终产物所产生的内源水来满足。其中,新鲜的饮水是满足动物对水需要量的重要途径。动物的饮水量也受诸多因素的影响。首先是环境温度对动物饮水量的影响。当环境温度较高时,动物开始喘息,从肺部蒸发的水分增多,饮水量显著增加,采食量降低。其次是生产

目的对动物饮水量的影响。生产性能越高,动物的需水量越大。当日粮中食盐、纤维素和蛋白质增高时,饮水量增加。在日粮中加酶制剂和微量元素,饮水量增加。最后是水质对动物饮水量的影响。生产实践中,既要注意供给动物的饮水量,又不能忽视水的质量。饮水要求新鲜、重金属含量不得超过饮用水标准,无病原菌和农药残留。因为不合格的饮水和不能饮用的水会干扰饲料中营养物质的吸收,甚至会影响食欲、引起腹泻,严重时使动物患病甚至死亡。

▶ 第三节　无公害畜禽饲料原料种类及特征

一 能量饲料

能量饲料是指以干物质计,粗蛋白含量低于20%,粗纤维含量低于18%,每千克干物质含有消化能10.46兆焦以上的一类饲料。这类饲料主要包括谷实类、糠麸类、脱水块根和块茎类、动植物油脂类及糖蜜等。

(一)谷实类饲料

谷实类籽实一般由胚和胚乳组成,其共同的营养特点是无氮浸出物含量较高(70%以上),粗纤维含量较低,氨基酸组成不佳,矿物质含量低,钙少磷多且多为植酸磷,不利于动物吸收利用;维生素E和维生素B_1含量丰富,但是维生素C和维生素D缺乏;主要有玉米、小麦、稻谷、高粱等。

1.玉米

适口性好,是使用最为广泛且用量最大的饲料原料,故有"饲料之王"的美誉。

(1)营养价值特点。无氮浸出物含量高(70%以上),且主要是易消化的淀粉,脂肪含量(3%~4%)是小麦、大麦的2倍,故有效能值高;粗纤维含量低,仅为2%左右;蛋白质含量低,且氨基酸组成不平衡,缺乏畜禽所需的赖氨酸和色氨酸等必需氨基酸;脂肪含量高,多存在于胚中,且多为不饱和脂肪酸;矿物质含量低,尤其是钙的含量极低,磷多为植酸磷,对于单胃动物不能很好地利用;维生素A原β-胡萝卜素(约2.0毫克/千克)和维生素E(约20毫克/千克)含量丰富,维生素D和维生素K含量极低,维生素B_1(约3.1毫克/千克)含量较高,其他B族维生素几乎不含;黄玉米含色素较多,主要是叶黄素(约20毫克/千克)、β-胡萝卜素和玉米黄素,利于家禽脚、皮肤、喙及蛋黄的着色。

（2）饲用价值特点。玉米籽实中总能消化率较高,如猪的消化能可达88%,是所有畜禽能量饲料的首选原料。我国饲用玉米按质量分为三级,具体的质量卫生标准见表1-1。

表1-1　玉米质量及卫生标准（GB/T 17890—2008）

指标	等级			指标		等　级		
	一级	二级	三级			一级	二级	三级
粗蛋白质(%)	≥8.0	≥8.0	≥8.0	不完整颗粒(%)	总数	≤5.0	≤6.5	≤8.0
容重(克/升)	≥710	≥685	≥660		其中生霉粒	≤2.0	≤2.0	≤2.0
杂质(%)	≤1.0	≤1.0	≤1.0	霉菌(个/克)		<40 000		
水分(%)	≤14.0			黄曲霉毒素B_1(微克/千克)		≤50		
沙门菌	不得检出							

2.小麦

小麦是人类主要的粮食之一。在玉米价格较高且明显高于小麦价格时,小麦可部分替代玉米。

（1）营养价值特点。无氮浸出物含量高（70%以上）,粗脂肪含量低（1.7%～1.9%）,故小麦的有效能值略低于玉米;粗蛋白含量比玉米高（12%以上）,各种氨基酸的含量高于玉米;矿物质含量一般高于其他谷实类饲料,磷和钾含量较高,但是50%以上为植酸磷,生物有效性弱;小麦中含有抗营养因子非淀粉多糖（NSP）,主要为6%左右的阿拉伯木聚糖和0.5%左右的β-葡聚糖,NSP具有黏性和系水性,会阻碍其他营养物质的消化、吸收和利用。

（2）饲用价值特点。一般认为小麦的饲用价值特点是玉米的90%,但是用小麦喂鸡,其效果远不如玉米。在小麦型饲粮中,适量添加阿拉伯木聚糖酶和β-葡聚糖酶等酶制剂可降低NSP的不良作用。我国饲用小麦按质量分为三级,具体的质量卫生标准详见表1-2。

表1-2　小麦质量及卫生指标（GB 10367—89）

指标		粗蛋白质(%)	粗纤维(%)	粗灰分(%)	沙门菌
等级	一级	≥14.0	<2.0	<2.0	不得检出
	二级	≥12.0	<3.0	<2.0	
	三级	≥10.0	<3.5	<3.0	
注:以上各项质量指标含量均以87%干物质为基础计算					

3. 稻谷

（1）营养价值特点。稻谷中所含无氮浸出物在60%以上；粗纤维在8%以上，主要存在于稻壳中，且多为木质素，稻壳是限制稻谷饲用的主要因素；粗蛋白含量为7%~8%，必需氨基酸含量较低；有效能值比玉米低得多。

（2）饲用价值特点。因稻壳的消化能值较低，故生产中不提倡直接使用稻谷作为饲料原料。但是稻谷脱壳后的糙米，以及糙米加工成精米过程中的碎米、陈米可作为能量饲料。糙米脂肪含量高（约2%）且不饱和脂肪酸比例高；碎米中营养成分变异较大，如粗蛋白的含量在5%~11%；变质的陈米不可以用作饲料。糙米、碎米和陈米用作猪和牛、羊饲料时，其饲喂效果良好；用作家禽饲料时，对鸡脚、喙、皮肤、蛋黄无着色作用。

4. 高粱

（1）营养价值特点。除壳后的高粱籽实主要成分为淀粉（70%左右），脂肪含量略低于玉米，故有效能值低于玉米；粗蛋白含量高于玉米，但品质较差，主要是高粱醇溶蛋白，缺乏赖氨酸和蛋氨酸等，与玉米蛋白质相比，高粱蛋白质更不易消化；维生素B_2、维生素B_6的含量与玉米相当，烟酸和生物素含量高于玉米但是利用率低；高粱中含有抗营养因子单宁（0.02%~3.40%），主要存在于壳中，颜色越深则单宁含量越高，单宁对饲料的适口性、消化率均有较大的影响。

（2）饲用价值特点。低单宁高粱的饲用价值是玉米的95%左右。普通高粱在使用时应注意单宁含量，可采用脱壳等方式进行消除。

（二）糠麸类饲料

糠麸类饲料是谷实加工后的副产物，主要由种皮、外胚乳、糊粉层、胚芽和颖稃残渣等组成。与原粮相比，糠麸中粗蛋白质、粗纤维及B族维生素等含量较高，但无氮浸出物含量低；主要有小麦麸、米糠等。

1. 小麦麸

小麦麸俗称麸皮，是小麦加工成面粉的副产品，但是由于加工精细程度的不同，小麦麸的营养价值有一定差异。

（1）营养价值特点。小麦麸属于蛋白质含量高、纤维含量也较高的一类中低档能量饲料。其与米糠营养价值近似，但是粗脂肪含量仅为米糠的25%，且粗纤维含量高于米糠，故有效能值低于米糠；维生素含量丰富，尤其是B族维生素和维生素E；矿物质含量丰富，特别是铁、锌、锰的含量都高，但是钙少磷多且多为植酸磷；小麦麸质地疏松，含有适量的纤维,具有轻泻作用,可防便秘;此外,小麦麸可作为添加剂预混料的载体。

(2)饲用价值特点。小麦麸对于所有的家畜来说都是良好的饲料。对于繁殖家畜在产前和产后有保健作用;用于育肥猪、鸡和产蛋鸡,可有效调节饲粮能量浓度,起到限饲的作用,但是饲喂量较大时会影响生产性能。小麦麸的质量及卫生指标详见表1-3。

表1-3 小麦麸质量及卫生指标(GB 10368—1989)

指标	等级			指标	等级		
	一级	二级	三级		一级	二级	三级
粗蛋白质(%)	≥15.0	≥13.0	≥11.0	霉菌(个/克)	≤40 000		
粗纤维(%)	≤9.0	<10.0	<11.0	六六六(毫克/千克)	≤0.05		
粗灰分(%)	<6.0	<6.0	<6.0	滴滴涕(毫克/千克)	≤0.02		
水分(%)	≤13.0			沙门菌	不得检出		

2. 米糠

米糠是糙米加工成精白米时产生的种皮、外胚乳和糊粉层的混合物,其营养价值因大米精致程度的高低有所不同。

(1)营养价值特点。米糠的蛋白质高于玉米,脂肪含量高(约16%),且多为不饱和脂肪酸,故有效能值高;矿物质含量丰富,铁、锰含量高,但是钙少磷多且多为植酸磷;B族维生素和维生素E含量丰富,但缺少β-胡萝卜素;米糠中所含的胰蛋白酶抑制因子和植酸会影响蛋白质和矿物元素的消化与吸收。

(2)饲用价值特点。米糠是有效能值最高的糠麸类饲料。新鲜的米糠适口性好,但是由于脂肪含量高,贮存不当会引起氧化酸败;米糠中的油脂多为不饱和脂肪酸,大量饲喂会引起育肥猪背膘变软。饲料用米糠的质量及卫生指标详见表1-4。

表1-4 饲料用米糠质量及卫生指标(GB 10371—1989)

指标	等级			指标	等级		
	一级	二级	三级		一级	二级	三级
粗蛋白质(%)	≥13.0	≥12.0	≥11.0	镉(以Cd计)的允许量(毫克/千克)	≤1.0		
粗纤维(%)	<6.0	<7.0	<8.0				
粗灰分(%)	<8.0	<9.0	<10.0	六六六(毫克/千克)	≤0.05		
水分(%)	≤13.0			滴滴涕(毫克/千克)	≤0.02		
霉菌(个/克)	<40 000			沙门菌	不得检出		

（三）油脂类饲料

天然存在的油脂种类比较多，有效能值高。除供能外，还可以促进色素和脂溶性维生素的吸收，主要包括动物性油脂和植物性油脂。

1.动物性油脂

用畜、禽、鱼类组织和内脏提取的一类油脂，其成分以甘油三酯为主。有效能值较高，一般是玉米的2.5倍。鱼油常温下为液态，维生素A和维生素D含量较高。

2.植物性油脂

从植物种子中提取而得，主要成分为甘油三酯。以棕榈油、米糠油、大豆油等作为典型的代表。

（四）糖蜜

糖蜜为制糖工业的副产物，根据原料的不同，可以分为甜菜糖蜜、甘蔗糖蜜、高粱糖蜜等。常温下为液态，一般呈黄色或褐色，大多具有甜味，可有效改善饲料的适口性。

1.营养价值特点

主要成分为糖类（45%以上），有效能值高；含有少量的蛋白质，非蛋白氮含量高；矿物元素含量丰富，钾的含量较高。

2.饲用价值特点

富含糖分，有甜味，可有效改善饲料的适口性；有黏度，利于制作颗粒饲料。

二 蛋白质饲料

蛋白质饲料是指以干物质计，粗纤维含量在18%以下，粗蛋白的含量高于或等于20%的一类饲料。这一类饲料主要包括植物性蛋白质饲料、动物性蛋白质饲料、微生物蛋白质饲料和非蛋白氮饲料。

（一）植物性蛋白质饲料

主要包含豆实类、油料饼（粕）类和其他制造业的加工副产品。其共同的营养价值特点：蛋白质含量高（20%～50%）；粗脂肪含量变化大；矿物质、维生素含量与谷实类饲料相似，钙少磷多且主要是植酸磷；B族维生素较丰富，而维生素A和维生素D较缺乏；大多含有抗营养因子，需加工后使用。

1.豆实类

主要有大豆、豌豆和蚕豆,以大豆为主要代表。

(1)营养价值特点。大豆蛋白质含量高(约35%)、粗脂肪含量高(约17%),故有效能值也较高,属于高能高蛋白质饲料;赖氨酸含量在豆类居首位,比蚕豆、豌豆多70%;钙少磷多且多为植酸磷。生大豆含有胰蛋白酶抑制因子、外源血凝集素、胀气因子、单宁、植酸、草酸及一些抗原性蛋白质等,可采用热处理消除抗营养因子。

(2)饲用价值特点。用熟化的全脂大豆饲喂家畜,效果较好,提供蛋白质的同时也提供了能量,饲料用大豆质量及卫生标准详见表1-5。

表1-5 饲料用大豆质量及卫生标准(GB/T 20411—2006)

指标		等级		
		一级	二级	三级
粗蛋白质(%)		≥36	≥35	≥34
不完善粒(%)	合计	≤5	≤15	≤30
	热损伤粒	≤0.5	≤1.0	≤3.0
杂质含量(%)		≤1.0		
生霉粒(%)		≤2.0		
水分(%)		≤13		
沙门菌		不得检出		

2.油料饼(粕)类

由油料作物压榨(饼)或浸提(粕)而出油后的副产物。压榨法的脱油效率低,饼内残留油脂多,可利用能量高,但油脂易酸败。粕中残油少,易于保存。常见的有大豆饼(粕)、菜籽饼(粕)、棉仁饼(粕)、花生饼(粕)、向日葵饼(粕)和胡麻饼(粕)。

(1)大豆饼(粕)。通常将大豆经压榨法取油后的副产物称为豆饼(粕)。大豆饼(粕)中粗蛋白含量高(40%~50%),富含畜禽所需的各种氨基酸,适口性好,是各种畜禽很好的饲料,饲用价值是各种饼(粕)饲料中最高的,常作为比较其他饼粕的参考标准。但是由于抗营养因子的存在,在饲喂动物时,生豆粕或加热不足的豆粕会降低动物的生产性能,导致胰脏肿大。饲料用大豆饼(粕)质量及卫生标准详见表1-6。

表1-6　饲料用大豆饼(粕)质量及卫生标准(GB 13078—2017)

饲料		豆饼			
指标		粗蛋白质(%)	粗脂肪(%)	粗纤维(%)	粗灰分(%)
等级	一级	≥41.0	<8.0	<5.0	<8.0
	二级	≥39.0	<8.0	<6.0	<7.0
	三级	≥37.0	<8.0	<7.0	<8.0

饲料		豆粕						
指标		粗蛋白(%)	粗纤维(%)	赖氨酸(%)	水分(%)	粗灰分(%)	尿素酶活性(国际单位/克)	氢氧化钾蛋白质溶解度(%)
等级	特级	≥48.0	≤5.0	≥2.50	≤12.5	≤7.0	≤0.30	≥73.0
	一级	≥46.0	≤7.0					
	二级	≥43.0	≤7.0	≥2.30				
	三级	≥41.0	≤7.0					
霉菌总数(CFU/克)		$\leq 4 \times 10^3$						
脲酶活性		≤0.4						
黄曲霉毒素B_1(微克/千克)		≤30						
六六六(毫克/千克)		≤0.05						
滴滴涕(毫克/千克)		≤0.02						
沙门菌		不得检出						

(2)菜籽饼(粕):油菜是我国主要油料作物之一,油菜籽榨油后的副产物称为菜籽饼(粕)。菜籽饼(粕)蛋白质含量高(34%～38%),氨基酸组成较平衡,含硫氨基酸含量高,精氨酸含量较低,赖氨酸含量低;菜籽饼(粕)的粗纤维含量较高;钙、磷含量高,但磷大部分是植酸磷;微量元素中铁含量丰富,其他元素则含量较低。菜籽饼(粕)含毒素较高,主要是硫葡萄糖甙的水解产物、单宁、植酸等。为保证安全饲用,应对菜粕进行脱毒处理后饲喂(如硫酸亚铁脱毒法、微生物发酵法),双低菜粕可不用脱毒处理,饲料用菜籽饼(粕)质量及卫生标准详见表1-7。

表1-7　饲料用菜籽饼、菜籽粕质量及卫生标准
(GB 10374—1989,GB/T 23736—2009)

饲料		菜籽饼			
指标		粗蛋白质(%)	粗纤维(%)	粗灰分(%)	粗脂肪(%)
等级	一级	≥37.0	<14.0	<12.0	<10.0
	二级	≥34.0	<14.0	<12.0	<10.0
	三级	≥30.0	<14.0	<12.0	<10.0

饲料		菜籽粕					
指标		粗蛋白质(%)	粗纤维(%)	粗灰分(%)	粗脂肪(%)	赖氨酸(%)	水分(%)
等级	一级	≥41.0	≤10.0	≥1.7	≤8.0	≤3.0	≤12.0
	二级	≥39.0	≤12.0				
	三级	≥37.0		≥1.3	≤9.0		
	四级	≥35.0	≤14.0				
霉菌总数(CFU/克)							≤4×10³
黄曲霉毒素 B₁(微克/千克)							≤30
异硫氰酸酯(以丙烯基异硫氰酸酯计)(微克/千克)							≤4 000
沙门菌							不得检出

（3）棉籽饼（粕）：棉籽经脱壳取油后的副产物，粗蛋白含量为32%～37%，产量仅次于豆饼（粕），是一项重要的蛋白质饲料资源。棉籽饼（粕）中的蛋氨酸含量较低（0.36%～0.38%），精氨酸含量高（3.67%～4.14%），是饼（粕）饲料中精氨酸含量较高的饲料；棉籽饼（粕）的粗纤维含量高（10%～14%），主要取决于榨油过程中棉籽脱壳的程度。棉籽饼（粕）中存在着多种抗营养因子，最主要的是游离棉酚，动物摄食后可引起累积性中毒，表现为生长受阻、生产性能下降、贫血、呼吸困难、繁殖能力下降等。因此，在使用棉籽饼（粕）时，应进行脱毒处理（化学去毒法和发酵脱毒法等）。棉籽饼质量及卫生标准详见表1-8。

表1-8 棉籽饼质量及卫生标准（GB 10378—1989）

指标		粗蛋白质(%)	粗纤维(%)	粗灰分(%)	水分(%)
等级	一级	≥40	<10	<6	≤12.0
	二级	≥36	<12	<7	
	三级	≥32	<14	<8	
霉菌总数(CFU/克)					≤4×10³
黄曲霉毒素 B₁(微克/千克)					≤30
游离棉酚(毫克/千克)					≤1 200
沙门菌					不得检出

（4）花生饼（粕）。其是脱壳后的花生仁经脱油后的副产物。花生饼（粕）含粗蛋白质38%左右，赖氨酸1.5%～2.1%，蛋氨酸0.4%～0.7%，色氨酸0.45%～0.51%；硫胺素、核黄素及烟酸等含量较高，胡萝卜素和维生素D含量极少；国产花生饼（粕）的粗纤维含量一般为5.3%；粗脂肪含量一般

为4%～6%,有的高达12%,脂肪酸以油酸为主,容易发生酸败;矿物质中钙少磷多;微量元素中铁的含量较高,其他元素较少。生花生中含有抗胰蛋白酶抑制因子,可在榨油过程中经加热除去。花生饼(粕)极易感染黄曲霉,产生黄曲霉毒素,为避免黄曲霉毒素中毒,应在生产中限量饲用花生饼(粕),其中雏鸡对其较敏感,食入后易发生中毒。花生饼(粕)质量及卫生标准详见表1-9。

表1-9 花生饼(粕)质量及卫生标准(NY/T 132—2019,GB 10382—1989)

饲料		花生饼					
指标		粗蛋白质(%)	粗纤维(%)	粗灰分(%)	粗脂肪(%)	赖氨酸(%)	水分(%)
等级	一级	≥48.0	≤7.0	≤6.0	≥3.0	≥1.2	≤11.0
	二级	≥40.0	≤9.0	≤7.0			
	三级	≥36.0	≤11.0	≤8.0			
饲料		花生粕		
指标		粗蛋白质(%)	粗纤维(%)	粗灰分(%)
等级	一级	≥51.0	<7.0	<6.0
	二级	≥42.0	<9.0	<7.0
	三级	≥37.0	<11.0	<8.0
水分(%)		≤12.0		
黄曲霉毒素B₁(微克/千克)		≤50		
沙门菌		不得检出		

3.其他加工副产品

包括一些谷类加工副产品、糟渣之类。这类饲料是大量提取原料籽实中的碳水化合物后的残渣物质,其粗蛋白质、粗纤维和粗脂肪的含量均相应地比原料籽实大大提高。

(1)玉米蛋白粉。其是玉米经过脱胚、粉碎、除渣、提取淀粉后的黄浆水,再经过浓缩和干燥得到的富含蛋白质的产品。正常玉米蛋白粉呈金黄色,蛋白质含量愈高,色泽愈鲜艳。随着玉米浸渍液和玉米胚芽饼(粕)比例的增加,蛋白质含量逐渐减少,色泽逐渐变淡。蛋白质含量35%～60%,氨基酸组成不佳,蛋氨酸含量很高(1.8%),而赖氨酸(0.9%)和色氨酸(0.3%)严重不足;由黄色玉米制成的玉米蛋白粉B族维生素少,类胡萝卜素含量高,其中主要是叶黄素(53.4%)和玉米黄素(29.2%),二者都是很好的着色剂;钙(0.05%)、磷(0.5%)含量均低;粗纤维含量低,易消化,代谢能水平接近于玉米,属高能量饲料,多用于鸡、鱼饲料,对蛋黄、肤色、脚和喙具有很好的着色效果,但需要搭配氨基酸、维生素及矿物质元素含量丰富的饲料,并要限制其添加的比例。

(2)酒糟蛋白(DDGS)。谷物及薯类在生产酒精的过程中,剩余的发酵残余物经蒸馏、蒸发和低温干燥后的高蛋白质饲料。干酒精糟(DDG)是对谷物酒精蒸馏废液做简单过滤,滤渣干燥获得的饲料;可溶性酒精糟滤液(DDS)是将滤清液干燥浓缩获得的饲料。DDG和DDS直接混合干燥、挤压成颗粒,制成DDGS。DDGS特点:蛋白质含量较高(约26%),缺乏赖氨酸;粗纤维含量低(约7.1%);脂肪含量较高(3%～8%);B族维生素和矿物质含量丰富。DDGS对于牛、羊饲喂价值较高,作为牛、羊饲料使用普遍;猪禽饲喂价值相对低,使用量较小。

(二)动物性蛋白质饲料

主要指水产、畜禽和乳产品等的加工副产品。其共同的营养特点是蛋白质含量高,氨基酸较平衡;钙、磷含量丰富,且比例较适宜;B族维生素含量高,核黄素、维生素B_2等的含量相当高;一般含碳水化合物特别少,粗纤维含量几乎为零。需要注意的是,动物性蛋白质饲料除蛋制品和乳制品外,不得用于牛、羊等反刍动物的饲料,也不得用于兔用饲料。

1.鱼粉

以全鱼或鱼下脚(鱼头、尾、鳍、内脏)为原料,经过蒸煮、压榨、干燥、粉碎加工之后的粉状物。

(1)营养价值特点。蛋白质含量高,优质脱脂全鱼粉的粗蛋白含量在60%以上,氨基酸组成齐全且平衡;不含纤维素,粗脂肪含量高,有效能值高,一般进口鱼粉的代谢能水平为11.72～12.55兆焦/千克;钙、磷含量高,比例适宜;硒、碘含量高;富含维生素B_{12}、维生素A、维生素D、维生素E,还含有具有生物活性的未知因子。鱼粉中含有较高的组织胺,在鱼粉生产过程中组织胺与赖氨酸结合,会形成糜烂素,用含糜烂素的鱼粉喂鸡,鸡会患肌胃糜烂症。

(2)饲用价值特点。鱼粉的饲用价值比其他蛋白质饲料高,其消化率在90%以上。在畜禽日粮中使用鱼粉,可促进动物增重,改善饲料利用效率。由于鱼粉价格昂贵,用量受到限制,通常在配合饲料中的使用量低于10%,且使用时应注意鱼粉掺假等问题。鱼粉的质量及卫生指标详见表1-10。

表1–10　鱼粉质量及卫生指标(GB/T 19164—2021)

项目	红鱼粉				白鱼粉		鱼排粉	
	特级	一级	二级	三级(含鱼虾粉)	一级	二级	海洋捕捞鱼	其他鱼
粗蛋白质(%)	≥87.0		≥85.0	≥83.0	≥90.0		≥85.0	
甘氨酸(%)	≤8.0			—	≤9.0		—	
DHA(二十二碳六烯酸)与EPA(二十碳五烯酸)占鱼粉总脂肪酸比例之和/(%)	≥18.0						—	
水分(%)	≤10.0							
粗灰分(%)	≤18.0	≤20.0	≤24.0	≤30.0	≤22.0	≤28.0	≤34.0	
砂分(盐酸不溶性灰分)(%)	≤1.5			≤3.0	≤0.4		≤1.5	
盐分(以NaCl计)(%)	≤5.0			—	≤2.5		≤3.0	≤2.0
VBN(挥发性盐基氮)(毫克/千克)	≤1 000	≤1 300	≤1 600	≤2 000	≤700		≤1 500	≤800
组胺/(毫克/千克)	≤300	≤500	≤1 000	≤1 500	≤25.0		≤300	
丙二醛(以鱼粉所含粗脂肪为基础计算)(毫克/千克)	≤10.0	≤20.0	≤30.0		≤10.0	≤20.0	≤10.0	

2.肉骨粉

肉骨粉是用动物屠宰后不能食用的下脚料,以及肉类加工厂的残余碎肉、内脏和杂骨等为原料,经高温消毒、干燥粉碎制成的粉状饲料。

(1)营养价值特点。因原料组成和肉、骨的比例不同,肉骨粉的质量差异较大。一般,粗蛋白占20%~50%;粗灰分占26%~40%;矿物质中钙占7%~10%,磷占3.8%~5.0%;脂肪占8%~18%;维生素B_{12}、烟酸、胆碱丰富,维生素A和维生素D较少。

(2)饲用价值特点。肉骨粉可同时作为蛋白质和钙、磷的来源,但饲用价值比不上鱼粉与大豆粉,而且因品质稳定性差,用量应加以限制。肉骨粉的质量及卫生指标详见表1–11。

表1-11　肉骨粉质量及卫生指标(GB/T 20193—2006)

指标	等级			指标	等级		
	一级	二级	三级		一级	二级	三级
粗蛋白质(%)	≥50	≥45	≥40	砷(毫克/千克)	≤10		
赖氨酸(%)	≥2.4	≥2.0	≥1.6	铅(毫克/千克)	≤10		
胃蛋白酶消化率(%)	≥88	≥86	≥84	氟(毫克/千克)	≤1 800		
KOH(酸价)(毫克/千克)	≤5 000	≤7 000	≤9 000	霉菌总数(毫克/千克)	≤0.02		
挥发性盐基氮(毫克/千克)	≤1 300	≤1 500	≤1 700				
粗灰分(%)	≤33	≤38	≤43				
沙门菌	不得检出						

3. 羽毛粉

羽毛粉是家禽屠体脱毛处理所得的羽毛经清洗、高温蒸煮水解、干燥和粉碎后的产品。

(1)营养价值特点。蛋白质含量占80%～85%,但氨基酸极不平衡,蛋白质中含硫氨基酸含量最高,但以胱氨酸为主,此外亮氨酸含量亦多,但蛋氨酸、赖氨酸、色氨酸、组氨酸等含量均很低,氨基酸利用率差,蛋白质品质差;维生素B_{12}含量较高,其他维生素含量低;矿物质钙、磷含量少,硫多。

(2)饲用价值特点。水解羽毛粉可补充鸡饲料中的含硫氨基酸需要,应用在肉鸡饲料中可取代部分豆粉。

(三)非蛋白氮饲料

凡含氮的非蛋白可饲物质包括尿素、双缩脲、氨及铵盐等简单含氮化合物。

1. 营养价值特点

以尿素[$CO(NH_2)_2$]为例,含氮46%左右,每千克尿素相当于2.8千克蛋白质。按含氮量计算,1千克含氮量46%的尿素等于6.70千克含粗蛋白质43%的豆粕。虽然尿素的粗蛋白含量高,但不能为动物提供能量,只能作为瘤胃微生物合成蛋白质所需的氮源,以节省饲料蛋白质。

2. 饲用价值特点

可使瘤胃充分发育,一般6月龄以上的反刍动物,常规尿素用量应不超过日粮干物质的1%,缓释尿素和糊化尿素可适量增加使用量;可将尿

素拌入谷物精料和蛋白质饲料中饲喂或在青贮料中添加,或做成尿素舔砖,供反刍动物舔食,以防氨中毒。

三 矿物质饲料

矿物质饲料是补充动物矿物质需要的饲料,通常包括常量矿物质饲料和微量矿物质饲料。

(一)常量矿物质饲料

常量矿物质饲料有食盐、碳酸氢钠、石粉、贝壳粉、蛋壳粉、磷酸二氢钠和磷酸氢钙等。

1.食盐

钠和氯都是动物所需的重要无机物。食盐是补充钠、氯的最简单、高效的物质。饲料用食盐多属工业用盐,含氯化钠95%以上。食盐在畜禽配合饲料中用量一般为0.25%~0.50%;反刍动物用量为1.00%~1.50%。食盐不足可引起食欲下降,采食量降低,生产性能下降,并导致异食癖;采食过量时,只要有充足的饮水,一般对动物健康无不良影响,但若饮水不足,可能出现食盐中毒。也可以用食盐作为载体,制成微量元素预混料的食盐砖,供家畜舔食用。

2.碳酸氢钠

碳酸氢钠又名小苏打,为无色结晶粉末,无味,略具潮解性,其水溶液呈微碱性,受热易分解放出二氧化碳;碳酸氢钠含钠27%以上,生物利用率高,是优质的钠源性矿物质饲料之一;碳酸氢钠不仅可以补充钠,更重要的是其具有缓冲作用,能够调节饲粮电解质平衡和胃肠道pH;奶牛和肉牛饲粮中添加碳酸氢钠可以调节瘤胃pH,防止精料型饲粮引起的代谢性疾病,一般添加量为0.5%~2.0%,与氧化镁配合使用效果更佳。夏季,在肉鸡和蛋鸡饲粮中添加碳酸氢钠可减缓热应激,防止生产性能的下降,添加量一般为0.5%。

3.石粉

石粉为天然的碳酸钙,含钙35%以上。在肉鸡、猪、牛、羊饲料中,一般添加1%~2%;在产蛋鸡饲料中,添加7%左右。

4.贝壳粉

贝壳粉是所有贝类外壳粉碎后制得的产物总称,包括牡蛎壳粉、河蚌壳粉及蛤蜊壳粉等。其主要成分为碳酸钙,一般含碳酸钙96.4%,折合含钙量为36%左右。贝壳粉用于蛋鸡、种鸡饲料中,可增强蛋壳硬度,片状贝壳粉效果更好。

5.蛋壳粉

蛋壳粉是蛋加工厂的废弃物,包括蛋壳、蛋膜、蛋等混合物经干燥灭菌粉碎而得,优质蛋壳粉含钙34%以上,还含有粗蛋白质(7%)、磷(0.09%)。蛋壳粉用于蛋鸡、种鸡饲料中,可增加蛋壳硬度,其效果优于石粉。

6.磷酸二氢钠

磷酸二氢钠为白色粉末,含两个结晶水或无结晶水,含磷在26%以上,含钠19%;磷酸二氢钠水溶性好,生物利用率高,既含磷又含钠,适用于所有饲料,特别适用于液体饲料或鱼虾饲料。

7.磷酸氢钙(磷酸二钙)

磷酸氢钙为白色或灰白色粉末。含钙量不低于23%,含磷量不低于18%。磷酸氢钙的钙、磷利用率高,是优质的钙、磷补充料,猪饲料一般用量1.0%~1.5%,鸡饲料用量1.2%~2.0%,牛饲料用量1.0%~2.0%,鱼饲料用量1.5%~2.5%。

(二)微量矿物质饲料

微量矿物质饲料多为化工生产的各种微量元素的无机盐类和氧化物,由于化学形成方式、产品类型规格及原料细度等的不同,其生物学利用率差异较大。各种微量元素含量见表1-12。

表1-12　微量元素及其含量

名称	化学式	微量元素含量(%)
硫酸亚铁(7结晶水)	$FeSO_4 \cdot 7H_2O$	20.1(Fe)
硫酸亚铁(1结晶水)	$FeSO_4 \cdot H_2O$	32.9(Fe)
碳酸亚铁(1结晶水)	$FeCO_3 \cdot H_2O$	41.7(Fe)
氯化亚铁(4结晶水)	$FeCl_2 \cdot 4H_2O$	28.1(Fe)
柠檬酸铁	$Fe(NH_3)C_6H_8O_7$	21.1(Fe)
葡萄糖酸铁	$C_{12}H_{22}FeO_4$	12.5(Fe)
氧化铁	Fe_2O_3	69.9(Fe)
硫酸铜	$CuSO_4$	39.8(Cu)
硫酸铜(5结晶水)	$CuSO_4 \cdot 5H_2O$	25.5(Cu)

名称	化学式	微量元素含量(%)
葡萄糖酸铜	$C_{12}H_{22}CuO_4$	1.4(Cu)
碳酸锌	$ZnCO_3$	52.1(Zn)
硫酸锌(7结晶水)	$ZnSO_4 \cdot 7H_2O$	22.7(Zn)
氧化锌	ZnO	80.3(Zn)
醋酸锌	$Zn(C_2H_2O_2)$	36.1(Zn)
硫酸锌(1结晶水)	$ZnSO_4 \cdot H_2O$	36.4(Zn)
硫酸锌	$ZnSO_4$	40.5(Zn)
亚硒酸钠(5结晶水)	$NaSeO_3 \cdot 5H_2O$	30.0(Se)
硒酸钠(1结晶水)	$Na_2SeO_4 \cdot H_2O$	21.4(Se)
亚硒酸钠	Na_2SeO_3	45.7(Se)
碘化钾	KI	75.7(I)
碘化钠	NaI	84.7(I)
高碘酸钠	$Ca(IO_4)_2$	60.1(I)
醋酸钴	$CO(C_2H_3O_2)_2$	33.3(Co)
碳酸钴	$CoCO_3$	49.6(Co)
氯化钴	$CoCl_2$	45.3(Co)
氯化钴(5结晶水)	$CoCl_2 \cdot 5H_2O$	26.8(Co)
氧化钴	CoO	78.7(Co)
硫酸钴	$CoSO_4$	38.0(Co)
硫酸钴(7结晶水)	$CoSO_4 \cdot 7H_2O$	21.0(Co)
硫酸锰(5结晶水)	$MnSO_4 \cdot 5H_2O$	22.8(Mn)
碳酸锰	$MnCO_4$	47.8(Mn)
氧化锰	MnO	77.4(Mn)
柠檬酸锰	$Mn_3(C_6H_5O_7)_2$	30.4(Mn)
葡萄糖酸锰	$C_{12}H_{22}MnO_{14}$	12.3(Mn)

(三)天然矿物质饲料

天然矿物质饲料有沸石、麦饭石、稀土、膨润土、海泡石等,多属非金属矿物,主要用作添加剂载体。

四 添加剂饲料

添加剂饲料是指为了某种目的在基础日粮中加入的各种微量物质。添加剂饲料分为营养性添加剂和非营养性添加剂两大类。营养性添加剂包括维生素、微量元素、工业合成的氨基酸等；非营养性添加剂包括生长促进剂、驱虫保健剂、饲料保存剂及其他添加剂等。2017年，农业部发布了2045号公告，制定了《饲料添加剂品种目录》（以下简称《目录》），凡是《目录》中收录的品种，均可以生产、经营和使用。《目录》以外的产品拟作饲料添加剂使用的，需向农业部申报，经农业部批准的新饲料添加剂方可使用。

（一）营养性添加剂

营养性添加剂包括氨基酸、维生素添加剂和微量元素添加剂等。

1.氨基酸

在多种必需氨基酸中，可供饲料添加剂的商品化产品有6～7种，常用的有赖氨酸、蛋氨酸、苏氨酸和色氨酸。赖氨酸通常为L-赖氨酸盐酸盐形式，含L-赖氨酸78%；蛋氨酸是由一个氨基和一个羧基组成的中性氨基酸，又称甲硫氨酸。饲料用的蛋氨酸为DL-蛋氨酸和蛋氨酸羟基类似物（MHB）等；苏氨酸常用的是L-苏氨酸，其为无色至白色结晶体，易溶于水，不溶于无水乙醇、乙醚和氯仿。苏氨酸是畜禽和鱼生长的必需氨基酸之一。在以大麦、小麦等谷物为主的饲料中，苏氨酸的含量往往不能满足需要，需要额外添加。在仔猪日粮中，赖氨酸与苏氨酸的比例最好是1.5:1；色氨酸可采用L-色氨酸和DL-色氨酸两个品种，L-色氨酸呈白色或淡黄色粉末，无臭或略有异味，难溶于水。DL-色氨酸的相对活性对猪为L-色氨酸的80%，对鸡为50%～60%。几种常用的氨基酸添加剂质量标准详见表1-13至表1-17。

表1-13 L-赖氨酸盐酸盐质量标准（GB 34466—2017）

指标	标准	指标	标准
L-赖氨酸盐酸盐含量（以干物质计）（%）	≥98.5	粗灰分（%）	≤0.3
L-赖氨酸含量（以干物质计）（%）	≥78.8	铵盐（以 NH_4^+）（%）	≤0.04
比旋光度 $[\alpha]_D^{20}$	18.0°~21.5°	重金属（以Pb计）（毫克/千克）	≤10
干燥失重（%）	≤1.0	总砷（As）（毫克/千克）	≤1

表1-14 DL-蛋氨酸质量标准（GB/T 17810—2009）

指标	标准	指标	标准
DL-蛋氨酸(%)	≥98.5	重金属(以Pb计)(毫克/千克)	≤20
干燥失重(%)	≤0.5	总砷(As)(毫克/千克)	≤2
氯化物(以NaCl计)((%))	≤0.2		

表1-15 蛋氨酸羟基类似物质量标准（GB 7300.103—2020）

指标	标准	指标	标准
蛋氨酸羟基类似物(以$C_5H_{10}O_3S$计)含量(%)	≥88.0	重金属(以Pb计)(毫克/千克)	≤1.5
总砷(As)(毫克/千克)	≤2.0	氰化物	不得检出
铵盐(%)	≤10		

表1-16 L-色氨酸质量标准（GB/T 25735—2010）

指标	标准	指标	标准
含量(以$C_{11}H_{12}N_2O_2$计)(以干基计)(%)	≥98.0	总砷(As)(毫克/千克)	≤2.0
干燥失重(%)	≤0.5	铅(Pb)(毫克/千克)	≤5.0
粗灰分(%)	≤0.5	镉(Cd)(毫克/千克)	≤2.0
比旋光度 $[\alpha]_D^t$	−29.0°~32.8°	汞(Hg)(毫克/千克)	≤0.1
pH(1%水溶液)	5.0~7.0	沙门菌(25克样品中)	不得检出

表1-17 L-苏氨酸质量标准（GB/T 21979—2008）

指标	标准	
	一级	二级
含量(以干基计)(%)	≥98.5	≥97.5
比旋光度 $[\alpha]_D^{20}$	−26.0°~−29.0°	
干燥失重(%)	≤1.0	
灼烧残渣(%)	≤0.5	
重金属(以Pb计)(毫克/千克)	≤20	
总砷(As)(毫克/千克)	≤2.0	

2.维生素添加剂和微量元素添加剂

主要是通过添加剂预混料补充,详见第二章。

（二）非营养性添加剂

非营养性添加剂的作用是防治疾病、保障健康、刺激畜禽生长和提高饲料利用效率。非营养性添加剂主要包括抗生素、人工合成抗菌药物、中草药与植物提取物、酶制剂、益生素等。以下介绍一些常见的添加剂。

1.抗生素

微生物（如细菌、放射菌、真菌等）的发酵产物，对特异微生物的生长有抑制或杀灭作用。抗生素类添加剂具有刺激动物生长、提高动物增长速度、改善动物对饲料的利用效率、防治畜禽疾病、保障动物健康生长的作用。但是长期使用抗生素会带来抗生素残留，使细菌的耐药性增强，甚至产生"超级细菌"，会威胁到人类健康。瑞典早在1986年就禁止抗生素的使用；我国农业部194号公告中规定，自2020年1月1日起，退出除中药外的所有促生长类药物饲料添加剂品种。

2.中草药添加剂

中草药是天然的动植物或矿物质，本身含有丰富的维生素和蛋白质，同时还有促进生长、增强动物体质、提高抗病能力的作用。中草药饲料添加剂资源丰富，来源广泛，可大力开发利用。

3.酶制剂

酶制剂的主要功能是帮助降解饲料中的一些营养物质或抗营养物质，直接或间接地提高饲料养分的消化率和利用率。目前，饲用酶制剂已有20多种，主要有木聚糖酶和葡聚糖酶、a-淀粉酶、蛋白酶、纤维素酶、果胶酶、植酸酶等。

4.益生素

益生素是指可以直接饲喂动物并通过调节动物肠道微生态平衡达到预防疾病、促进动物生长和提高饲料利用率的活性微生物或其培养物，我国又称之为微生态制剂或饲用微生物添加剂。目前，配合饲料中使用的活性微生物制剂主要有乳酸菌（尤指嗜酸性乳酸菌）、地衣芽孢杆菌、粪链球菌、芽孢属杆菌、酵母菌等。一般来说，选择益生素及饲用微生物时，应具有定植于肠道上皮细胞能力良好、生长繁殖速度快、能有效抑制肠道有害微生物繁殖、产生抗菌性物质等特性。

5.酸化剂

酸化剂在动物饲料中的使用越来越多，使用酸化剂可提高饲料的适

口性,利于仔猪、幼禽和牛犊的增重,降低腹泻发病率。目前,市场出售用作饲料添加剂的酸化剂有三类:单一酸化剂(如延胡素酸、柠檬酸)、以磷酸为基础的复合酸、以乳酸为基础的复合酸。

6.抗氧化剂

用来保护饲料中易氧化的成分,常用的有乙氧基喹啉、二丁基羟基甲苯(BHT)和丁基羟基茴香醚(BHA)。

7.驱虫保健剂

常用的有磺胺类、呋喃类、硫胺类等。

8.饲料品质改进剂

有促进动物采食的调味剂(如香味剂、甜味剂)、改善畜产品品质的着色剂(如辣椒红、虾青素、β-胡萝卜素等)。

9.黏合剂

又称制粒添加剂,用于颗粒饲料和饵料的制作,可减少粉尘损失,提高颗粒料的牢固程度,减少制粒过程中压模受损。常见的黏合剂有膨润土、丙二醇、淀粉、果胶等。

10.抗结块剂(流散剂)

部分饲料原料由于受潮吸水,易发生结块,不易搅拌均匀,加入适量的流散剂能保持饲料原料流散畅通,并均匀地进入搅拌机,从而保证配合饲料的质量。常见的流散剂有硅藻土、高岭土、二氧化硅、沸石、硬脂酸钙、硬脂酸钠等。

五 粗饲料

粗饲料是指天然水分含量在60%以下、干物质中粗纤维含量在18%以上的一类饲料。这一类饲料主要包括青干草、秸秆、秕壳等。在反刍动物和马属动物的饲料中,粗饲料往往占饲料总量的50%～80%。粗饲料吸水量大,使动物有饱腹感;粗饲料中的大量粗纤维能刺激胃肠道黏膜,促进胃肠道蠕动,增强消化吸收能力,利于排便和反刍;粗饲料能够提供一定的能量。因此,粗饲料是反刍动物不可缺少的日粮组成部分。

(一)青干草

牧草成熟之前,适时刈割干制而成的饲料,因仍具有绿色,故而得名。

1.营养价值特点

粗纤维含量高(25%～45%),可消化养分低、有机物消化率在70%以

下;营养价值变化大,取决于制作原料的植株种类、生长阶段和调制技术。就原料而言,由豆科植物制得的干草蛋白质含量高;在能量价值方面,豆科干草和禾本科干草之间无显著差异。

2.饲用价值特点

饲用价值特点:适口性差(质地坚硬);是草食动物不可缺少的饲料;对单胃动物有特殊作用(促进胃肠道蠕动、增强消化)。几种常见的干草质量标准详见表1-18至表1-20。

表1-18　禾本科牧草干草质量的化学指标及分级(NY/T 728—2003)

质量标准	等级			
	特级	一级	二级	三级
粗蛋白质(%)	≥11	≥9	≥7	≥5
水分(%)	≤14			

注:粗蛋白质含量以绝干物质为基础计算

表1-19　豆科牧草干草质量的化学指标及分级(NY/T 1574—2007)

质量标准	等级			
	特级	一级	二级	三级
粗蛋白质(%)	>19	>17	>14	>11
中性洗涤纤维(NDF)(%)	<40	<46	<53	<60
酸性洗涤纤维(ADF)(%)	<31	<35	<40	<42
粗灰分(%)	<12.5	—	—	—
β-胡萝卜素(微克/千克)	≥100	≥80	≥50	≥50

注:各项理化指标均以干物质为基础计算

表1-20　豆科与禾本科混合干草质量的化学指标及分级

质量标准	等级				
	特级	一级	二级	三级	四级	五级
粗蛋白质(%)	>19	17~19	14~16	11~13	8~10	<8
酸性洗涤纤维(%)	<31	31~35	36~40	41~42	43~45	>45
中性洗涤纤维(%)	<40	40~46	47~53	54~60	61~65	>65
可消化干物质(%)	>65	62~65	58~61	56~57	53~55	<53
采食量(%)	>3.0	3.0~2.6	2.5~2.3	2.2~2.0	1.9~1.8	<1.8
饲料相对价值	>151	151~125	124~103	102~87	86~75	<75

(二)秸秆类

秸秆类饲料我国有7亿多吨,其中玉米秸、麦秸、稻草占70%,其余还有豆秸、花生秧、薯藤等。在各种收获籽实后的秸秆中,玉米秸、豆秸的质量较好。

1.营养价值特点

粗纤维含量高,粗蛋白含量低;木质素高、硅酸盐高;有效能的消化率低;粗灰分含量高,钙、磷少。国产主要秸秆的营养成分及营养价值见表1-21。

表1-21　几种秸秆饲料成分及营养价值(风干样品)

营养成分	小麦秸	稻草	玉米秸	大豆秸
粗蛋白质(%)	3	4	5	5
粗脂肪(%)	1.8	1.4	1.3	1.4
粗纤维(%)	43	40	35	44
无氮浸出物(%)	80	75	68	77
粗灰分(%)	8	12	7	6
钙(%)	0.16	0.25	0.35	1.59
磷(%)	0.05	0.08	0.19	0.06
ADF(%)	37	55	44	54
NDF(%)	62	72	70	70
消化能(兆焦/千克)	8.987	8.318	10.617	7.774

2.饲用价值特点

容积大,适口性差,消化利用率低。主要用于反刍动物,单胃动物一般不用;来源广泛,数量庞大;有一定的有机物,可提供一定的有效能值。可对秸秆进行物理(切断、粉碎与揉碎、膨化、添加食盐软化)、化学(碱化与氨化)、生物处理(微贮与黄贮),提高秸秆的使用与利用效率。

(三)秕壳类

稿秕饲料即农作物秕壳,其中含不成熟的籽实,如稻壳、谷壳、高粱壳、花生壳等。

营养价值与饲用价值特点:稿秕类饲料粗蛋白含量低,纤维含量高,消化率低,其中豆荚(粗蛋白质含量在3.5% ~ 3.7%)和粉碎后的花生壳(粗蛋白质含量在6.1% ~ 6.8%)可作为牛、羊饲料。稻壳也称砻糠,是稻

谷脱粒时分离出的颖壳,其营养价值较低,一般不作为牛、羊饲料。

（六）青绿饲料

青绿饲料是指天然水分含量高于60%的青绿多汁饲料,包括天然牧草、人工栽培牧草、叶菜类、根茎类、水生植物等。青绿饲料共同的营养价值特点是水分含量高、蛋白质含量较高、粗纤维含量较低、矿物质含量高,钙、磷比例适宜、维生素含量丰富。饲用价值特点是适口性好、易消化、营养相对平衡、干物质中消化能低。

（一）天然牧草和栽培牧草

天然牧草和栽培牧草因品种、收获时间、产地等条件的差别,营养价值差别很大,但均可作为草食家畜的饲料。豆科牧草(如紫花苜蓿、草木樨、沙打旺、白三叶等)的营养价值较高。禾本科牧草(如黑麦草、羊草、苏丹草、高丹草、黑麦、鸭茅、象草等)适口性较好、采食量高;再生力强,耐牧,对其他牧草起到保护作用。菊科牧草(如菊苣、苦荬菜等)往往有特殊的气味,除羊外,一般家畜都不喜采食;利用方式主要是放牧,或有计划地在生长适宜时期刈割,供晒制干草或青贮。

（二）根茎瓜果类饲料

块根饲料主要有胡萝卜、甜菜、木薯、萝卜等;块茎饲料主要有马铃薯、菊芋、芜青甘蓝等;瓜类饲料主要有饲用南瓜、番瓜等。这类饲料的最大特点是水分含量高,为75%～90%,所以鲜样中有效能值较低,但从干物质的营养价值来看,它们可以归属于能量饲料。由于水分含量高,纤维含量少,易消化,富含糖类,因而适口性好,但是此类饲料不易运输和储存。

（三）使用青绿饲料要注意的问题

1.防止亚硝酸盐中毒

青绿饲料中都含有硝酸盐,硝酸盐本身无毒或毒性很低,只有在细菌的作用下,使硝酸盐还原为亚硝酸盐时才具有毒性。青绿饲料堆放时间长,发霉腐败,会促使细菌将硝酸盐还原成亚硝酸盐,动物食入后易发生亚硝酸盐中毒。

2.防止氢氰酸中毒

在青绿饲料中一般不含氢氰酸,但在高粱、苏丹草等幼芽中含有氰苷配糖体。含氰苷的饲料经过堆放发霉或霜冻枯萎,在植物体内特殊酶

的作用下,氰苷被水解而形成氢氰酸,造成动物中毒。玉米、高粱收割后的再生苗经霜冻,危害更大。

3.防止草木樨中毒

草木樨本身不含有毒物质,但含香豆素。当草木樨发霉腐败时,在细菌的作用下,香豆素会变成双香豆素,其结构式与维生素K相似,两者都有拮抗作用。

4.防止农药中毒

刚喷洒过农药的杂草或蔬菜不能作饲料,要等雨后或1个月后再收割或放牧利用,谨防引起农药中毒。

七 青贮饲料

以新鲜的天然植物性饲料为原料,在厌氧条件下,经过以乳酸菌为主的微生物发酵后调制成的饲料。

(一)青贮饲料的分类

1.常规青贮

由新鲜的天然植物饲料调制成的青贮饲料,或在新鲜的植物性饲料中加有各种辅料(如小麦麸、尿素、糖蜜),以及防腐剂、防霉剂再调制成的青贮饲料,一般含水量为65%~75%。

2.低水分青贮饲料(半干青贮饲料)

用天然水分含量为45%~55%的半干青绿植物调制成的青贮饲料。

3.谷物湿贮

以新鲜高水分玉米籽实或麦类籽实为主要原料的谷物湿贮,其水分含量为28%~35%。

(二)青贮原理

在厌氧条件下,利用厌氧菌的发酵产生乳酸,使积累到青贮物饲料中的pH下降到3.8~4.2时,则青贮饲料中的生物过程都处于被抑制状态,从而达到保留青贮饲料营养价值的目的。

(三)青贮条件

1.适宜的含糖量

为了保证青贮过程中乳酸菌可以快速繁殖,使青贮饲料的pH在4.2左右,青贮原料的含糖量要适宜。一般认为,青贮前的原料含可溶性碳水化合物3%以上即可保证青贮成功。豆科草和薯类藤蔓等含糖量低,蛋白质和非蛋白氮含量高,缓冲能力强,不易进行一般青贮。为了使青贮顺利,常常外加糖蜜、淀粉或其他富含可溶性碳水化合物的辅料共同青贮。

2.适宜的水分

一般青贮控制水分在65%～70%。水分过高,易使梭菌发酵,产生丁酸,不利于青贮,也会导致青贮饲料的汁液流失。水分过低,不利于压实,但蛋白含量高的豆科牧草可做半干青贮。

3.厌氧环境

杜绝空气是保证青贮成功最基本的环节之一。裹包青贮厌氧环境较好。利用青贮窖制作青贮时,实践中常常通过将青贮原料切短(2～5厘米)、快装、压实、封口严密来营造厌氧环境,顶层可用废旧轮胎压实。

(四)青贮操作流程

1.原料的适时收割

确定青贮优良的适宜收割期,既要兼顾营养成分和单位面积的产草量,又要有适宜的水分和碳水化合物。一般收割宁早勿迟,随收随贮,以青贮玉米为例,在胚乳线1/2～2/3处收割较好。

2.切短(碎)

切短的目的是便于压实,增加青贮密度,排除空隙,一般切成2～3厘米。

3.装填与压实

原料切碎后应立即装填,对于青贮窖,窖底可垫一层10～15厘米切碎的软草,以吸收青贮汁液。同时,四周加强密封,防止漏气、透水。每10～15厘米为一层,需压实,不可装填结束后再压实。

4.密封与镇压

原料装填完毕,立即密封,以防透气。并用沙或土、轮胎镇压。

(五)青贮料的利用

青贮料一般经过40～50天即可完成发酵,开窖时间应根据需要而定。一般应在气温较低且缺草的季节取用,气温较高时,易引起青贮料的腐败变质。取料时应沿着一端逐段取用,并且保持垂直面,尽量减少青贮料的二次发酵。

(六)青贮料的品质鉴定

青贮料的品质鉴定,可从感官和化学分析两方面进行鉴定。感官评定可评价青贮料的气味(芳香酒酸味,气味柔和,酸而不刺鼻)、颜色(绿色或黄绿色)、质地(在窖内挤压紧密,但拿在手中时又比较松散,质地柔软而略带湿润)等指标。化学分析可从青贮料的pH(3.8～4.2)、各种有机酸含量(乳酸多、乙酸少、不含有丁酸)、营养物质含量及青贮料的可消化性等方面进行评定。青贮玉米的质量评定标准见表1-22、表1-23。

表1-22　感官鉴定标准(GB/T 25882—2010)

品质等级	颜色	气味	酸味
优良	青绿色或黄绿色,有光泽,近于原色	芳香酸味,给人以好感	浓
中等	黄褐色或暗褐色	有刺鼻酸味,香味淡	中等
低劣	黑色、褐色或暗墨绿色	具有特殊的刺鼻臭味或霉味	淡

表1-23　不同青贮饲料中各种酸的含量及氨态氮的含量(GB/T 25882—2010)

品质等级	pH	氨态氮:总氮	乳酸(DM%)	乙酸(DM%)		丁酸(DM%)	
				游离	结合	游离	结合
良好	3.8～4.2	<5%	1.2～1.5	0.70～0.80	0.10～0.15	—	—
中等	4.6～4.8	15%～20%	0.5～0.6	0.40～0.50	0.20～0.30	—	—
低劣	5.5～6.0	>20%	0.1～0.2	0.10～0.15	0.05～0.10	0.2～0.3	0.8～1.0

参考文献

[1] 李英,曹玉凤.畜禽饲料无公害标准化生产技术[M].河北:河北科学技术出版社,2006.

[2] 田振洪.家畜无公害饲料配置技术[M].北京:中国农业出版社,2011.

[3] 单安山.饲料与饲养学[M].北京:中国农业出版社,2006.

[4] 冯定远.配合饲料学[M].北京:中国农业出版社,2008.

[5] 陈代文.动物营养与饲料科学[M].北京:中国农业出版社,2018.

[6] 周明.饲料学导论[M].北京:化学工业出版社,2016.

第二章 无公害饲料的配制技术

▶ 第一节 配合饲料的概念及分类

一 配合饲料的概念

配合饲料是依据动物不同发育过程和生产用途的营养需求和饲料的营养价值将各种单一饲料按照相关比例和工艺技术均匀混合而生产的营养价值能满足动物不同需求的饲料,也称全价饲料。

配合饲料必须根据相关标准、饲料法规和饲料管理条例进行加工生产,饲料质量能够保证,有益于动物与人类的身体健康,以及环境与生态的平衡。同时,配合饲料能够直接饲喂动物,有利于养殖户贮存、使用和运输,节约了劳动力。

能够满足一头动物一昼夜能量需求而饲喂的饲料称为日粮。在养殖业生产实践中,除了极少数动物是单一饲喂外,大多数都是采取统一饲喂。特别是在集约化的养殖业生产中,为了便于饲料生产加工的工业化及机械化管理,通常将根据动物群体中"典型动物"的营养需要而将配制的饲粮中的各种原料比值换算成百分含量,之后加工成可以保证一定生产水平动物营养要求范围的全价饲料。为了在畜牧业中与日粮区分,将这种按照百分比制作成的全价饲料称为饲粮。根据营养需求量所确定的饲粮中各种饲料原料的百分比组成,被称为饲料配方。

二 配合饲料的种类和结构

配合饲料根据营养和用途分为添加剂预混料、浓缩料、全价配合饲料和反刍动物精料补充料(图2-1)。

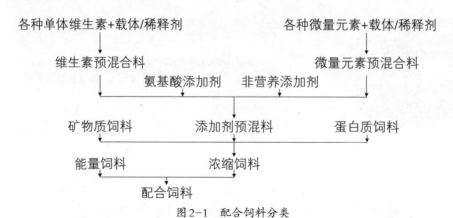

图 2-1　配合饲料分类

（一）添加剂预混料

添加剂预混料指由不同的添加剂原料（或单体）与载体或稀释剂均匀搅拌的混合物，又称预混合饲料或预混料，目的是使少量的原料能够与大量的配合饲料均匀混合。预混合饲料是配合饲料的核心，预混合饲料不可以直接投喂动物。配合饲料投喂效果的关键因素是其添加的微量活性组分。

（二）浓缩饲料

浓缩饲料又称平衡用配合料。浓缩饲料主要由三部分原料构成：矿物质饲料、蛋白质饲料和添加剂预混合饲料，通常为全价饲料中剔除能量饲料后剩下的部分，一般占比在10%～40%。这种饲料加入相关比例的能量饲料组成的全价饲料可以用于饲喂动物。在市场上将使用量在10%～20%的产品称为超级浓缩料或精料，添加剂预混料为其基本组分，在此基础上添加一定含量的蛋白质饲料及具有特殊作用的物质。

1.浓缩饲料的合理利用

需要与特定比例的能量饲料（或再添加少量的蛋白质饲料）添加制作成全价配合饲料或精料补充料后，才能够用于饲喂动物。养殖户只需要单独购买浓缩饲料，与当地小麦、玉米和糠麸类等原料按一定比例混匀就可以加工成所需要的全价配合饲料。

2.浓缩饲料产品的选择

一是要有产品标签，内容包括产品饲用对象、产品登记号、名称、批准文号、营养成分保证值、主要饲料原料类别、用量与用法、净重、生产年月日、厂名和厂址等。二是要有产品说明书，内容包括推荐饲料配方和投喂方法、预期效果、保存方法及注意事项等。三是要有产品合格证，且合格证必须加盖检验人员印章和检验日期。

3.浓缩饲料使用注意事项

应根据动物种类、用途和发育阶段等选购相关的浓缩饲料产品,不能把鱼类或羊等不同动物适用的浓缩饲料投喂给猪或鸡,也不能把种猪的浓缩饲料饲喂给育肥猪。使用浓缩饲料饲喂时要与能量饲料(粉碎)混合均匀,提供清洁饮水,并注意能量饲料品质,防止霉变与虫害。

(三)全价配合饲料

这类饲料产品也称为全日粮配合饲料或完全配合饲料。不同型号适用于不同的动物种属、发育阶段和用途等。这种饲料可以满足养殖对象的能量要求,养殖户无须添加其他物质就可直接喂养动物,但需重视的是,要购买与养殖对象相适应的全价配合饲料。而在实际加工当中,由于加工条件和技术手段的限制,许多全价配合饲料难以满足动物营养需求上的"全价"。因此,全价配合饲料是无法完全按照动物能量需要或饲喂标准配合成的饲料。

全价配合饲料的使用方法如下。

1.定时定量,少量添加

杜绝"味精"式饲喂,切勿将其他粗料与全价料搭配,也不可催肥过急导致饲喂过饱。应定量定点、少吃多餐,使动物保持充足的食欲,建立优良的条件反射。

2.生喂干喂

全价料营养全面丰富,不需任何加工就可直接饲喂。严禁煮熟,会导致营养物质特别是维生素遭到破坏。为增加适口性及减少粉尘呛肺,粉料可添加少许水拌料,但也不可搅拌太湿,每次也不可饲喂太多,应现拌现喂。饲喂还必须保证充足的清洁饮水,一槽料,一槽水,各取其便。

3.妥善保存

全价料的能量与蛋白质含量都很高,如果保存不当,很容易发生变质,特别是在高湿高温的梅雨季节,非常容易发霉变质,甚至产生毒素。因此,全价料应保存在干燥和阴凉避光的地方。地面应添加垫板,不可与地面直接接触。在选购全价料时,应注意保质期,单次购买不要超过一个月的使用量,以确保新鲜度。

4.不要突然更换饲料

全价料根据生长期不同的营养需求而要饲喂不同型号,为避免饲料

应激,要逐步更换型号,切忌突然更换。

(四)混合饲料

混合饲料是指经过简单加工制作的一些饲料原料,是初级配合饲料,主要考虑碳水化合物和氨基酸等营养指标。混合饲料可直接饲喂动物,但饲养效果常常不够理想。

(五)反刍动物精料补充料

反刍动物精料补充料是为草食动物(牛和羊等)加工生产的,主要由能量饲料、蛋白质饲料和矿物质饲料及添加剂组成,不单独构成饲粮,通常用来弥补因采食饲草而缺乏的部分营养。在更换基础饲草时,应根据动物情况及时调整饲喂量。

▶ 第二节 饲料添加剂预混合饲料的基础知识

一 饲料添加剂预混合饲料

(一)概述

现今,在动物的基础饲粮中,常常要添加十几种微量成分,而且每种成分含量极少,多以百万分之几计算。微量成分直接添加到基础饲粮中,不仅制作麻烦,而且难以保证混匀和计量精确,容易导致效果较差或中毒。因此,基础饲粮在加入微量成分前,预先加入适当的载体如稀释剂,将其与微量成分稀释混合,再制成不同浓度和不同要求的混合物。

(二)预混料的特点

1.含量低而营养价值高

全价料中预混料一般占0.5%~6.0%,个别可达10.0%,但大部分的营养需要包含于其中,如矿物质、维生素等。质量高的幼龄动物预混料的添加剂还可能包含有机酸、微生态制剂和酶制剂等,以增加对动物的保健作用。

2.使用方便且均匀混合

在没有预混料时,农户常常用全价颗粒料或浓缩料。自配料时购买的单一维生素或者复合维生素往往难以满足不同种类动物及发育阶段的营养需求,且饲料无法充分混合均匀,饲料成本高、养殖利润少。预混料不仅可满足动物不同发育阶段的营养需求,且容易混匀,使农户配料逐渐科学化和规范化。

3.成本低,可利用原料资源

在小麦和豆粕等原料价格较高时,使用预混料自配料成本低,北方地区如山西和河南等地农户往往自家都有一定量的原料,可就地取材。

4.可根据生产要求及时调整饲料配方

养殖户在养殖过程中通常会碰到特殊情况如配种、高温和弱仔等,通常需要单独添加多种维生素及电解质等,使用预混料自配料可带来极大的方便。

5.克服某些添加剂的不稳定性

颗粒饲料因高温制作常会导致热降解,使得维生素和微生态制剂等含量降低,从而影响投喂效果。

(三)添加剂预混合饲料的组成

饲料添加剂作为添加剂预混料的基本组成成分,可以分为两种:营养性饲料添加剂和非营养性饲料添加剂。

1.营养性饲料添加剂

指对畜禽等动物来说,营养上必需的具有生物活性微量添加成分,主要有维生素、微量元素和氨基酸等添加剂。

(1)维生素类添加剂。常用的维生素共有14种,包括脂溶性维生素(如维生素 A、维生素 D、维生素 E 和维生素 K)、水溶性维生素(如 B 族维生素和维生素 C)。

(2)微量元素类添加剂。包括铁、锰、硒、硫酸盐、碳酸盐及有机化合物等。

(3)氨基酸类添加剂。有工业合成氨基酸及其类似物,如 DL-蛋氨酸、L-色氨酸和 DL-色氨酸及蛋氨酸羟基类似物等。

2.非营养性饲料添加剂

指对动物营养上非必需的,但对动物本身、饲料加工和消费者有益的饲料添加剂,包括促生长剂、驱虫剂、防霉防腐剂、调味剂和乳化剂等。具体见第一章。

(四)如何识别预混合饲料的质量

1.包装

①标有产品名称,如种猪料、断乳猪料和仔猪料等名称,标明预混料

的适用阶段及用途。②产品生产许可证与执行标准。③产品添加方法。④主要成分及保证值。⑤贮存方法、生产日期及有效期。

2.产品感官

①颗粒大小均匀,无明显分级现象。②色泽一致。③无异味、无结块和无霉变。④未见吸湿现象等。

(五)生产添加剂预混合饲料时应关注的问题

1.明确预混合饲料的作用

动物需要不同的营养因子来保证发育和生产活动过程,在满足动物能量和蛋白质等需求的条件下,维生素(维生素 A、维生素 B、维生素 C、维生素 E、维生素 K、烟酸、泛酸、生物素、叶酸、胆碱和肌醇等)、矿物质元素(Na、Fe、S、Ca、K、Cl、Mg、P 和 Cr 等)、必需氨基酸(赖氨酸、苯丙氨酸、色氨酸、蛋氨酸、亮氨酸、异亮氨酸、苏氨酸和缬氨酸等)与多不饱和脂肪酸(如亚油酸和亚麻酸)等少量或微量养分的供给情况可能会成为动物充分发挥生产性能的限制因子。这些少量或微量养分的合理供给既是动物发挥生产性能的基本条件,又是充分挖掘动物生产力的技术措施。预混合饲料中的营养物质正是补偿基础饲粮中缺乏的养分。动物所需的养分种类有60余种,饲粮中养分种类必须齐全,且含量和配比要适宜。在此条件下,预混料中添加的非营养性饲料添加剂才能够发挥相应的作用。

2.优质原料

只有优质原料才可以加工出优质的添加剂预混合饲料产品。原料纯度是优质原料的基本要求,简单来说,就是原料中包含的有效成分或活性物质含量够高,而有毒有害物质在合理的范围或者没有。具体要根据饲喂对象而选择具体的预混合饲料及产品,从优质的添加剂原料中筛选出最佳的原料。微量元素添加剂原料应具备物理性质稳定、生物学效价高及有害物质含量少;维生素添加剂原料应具备物理性质稳定和生物学效价高。载体与稀释剂既作为原料,又作为预混料的辅料。选择近惰性有机物如玉米芯粉等作为稀释剂或载体,可保证预混料中维生素性质达到最大限度的稳定。

3.合理配伍

因为预混料原料构成通常由两种或两种以上,所以会出现原料的配伍问题。预混料中的各种原料不是单独地发挥作用,而是常常相互发生关联,协同、制约或拮抗。因此,为了最大限度地降低维生素的损失,维生素添加剂的载体和稀释剂所选用的物质要求必须粒度合适、恰当的相对密度及含水量少且不易发生化学反应。某些微量元素如铜和铁能催化维生素发生降解反应,故维生素添加剂中应该避免加入矿物质。另外,液态胆碱不能与其他维生素混合,可直接加入配合饲料中。如果想要避免预混料中维生素的损失可以选择固体的氯化胆碱。因此,必须充分了解原料之间的相互作用,认识它们的配伍性问题,才可以生产相关预混料。

4.科学组方

预混料的质量好坏不是简单地概括为其中含有或不含有某种营养素,更关键的是其中所含的营养成分含量是否恰当、营养成分之间的比例是否合适等。现以三个方面来说明:

(1)预混料中不同微量元素的配比问题。不同微量元素在动物体内发挥不同的功能,但它们发挥的作用并非单独、孤立的,而往往是相互关联的,多种情况下的表现是拮抗。在体内的消化或代谢过程都有可能发生这种相互影响。例如,微量元素预混料中铜的含量过高会影响其他微量元素如铁和锌的消化吸收。在生产实践中,已经发现使用铜含量较高的预混料常常会使猪发生条件性缺铁和缺锌等症状。试验研究证明,当猪使用铜含量较高的微量元素预混料时,适当增加铁和锌等微量元素能有效防止猪出现缺铁和缺锌等症状。

(2)预混料中相关活性成分的配比问题。如果预混料中添加有必需脂肪酸时,维生素E的用量要对应地增多,因为必需脂肪酸含有不饱和双键,非常容易被过氧化物或其他形式的活性氧破坏,而维生素E能够有效地避免发生这种问题。动物每食入1克的多不饱和脂肪酸,就需要配合0.5~3.0毫克的维生素E。因此,在生产预混料时,要依据必需脂肪酸用量,合理添加维生素E。又如,预混料中微量元素铁、锌和铜及维生素A等添加过多时,维生素E的用量也应该相应增多。这是因为维生素E能避免铁、锌和铜等微量元素过多导致的中毒症状;能保护对氧敏感的维生素A和胡萝卜素免受氧化破坏而发生失效;还可预防过量添加维生素A所导致的毒性作用。

(3)预混料中有效成分与稀释剂的比例问题。试验研究证明,预混料中维生素损失量与稀释剂的用量呈反比关系。其可能的原因是暴露在空气中的预混料中维生素的面积减小,因而受到大气的污染程度较

低;稀释比例增大,维生素与其他潜在的破坏因子之间的物理距离增大,因而不良影响对维生素的影响减小。但预混料中载体与稀释剂添加量过大,就会导致预混料在动物饲粮中的用量增大,饲粮中其他成分的浓度可能会显著地被降低。因此,预混料中有效成分与载体和稀释剂之间的比例应恰当合理。

(六)使用添加剂预混合饲料中存在的问题

1.贮存环境不当

有的养殖场饲料生产车间同一个门进出原料和产品,互相交叉,大宗原料与预混料产品混堆在一起;有的养殖场在猪舍堆放预混料产品,有的在养殖场的通道堆放,任凭阳光照射,有的还存放在潮湿的房间里。

2.混合不均匀

某些养殖场把预混料与玉米和豆粕一起添加到粉碎机里粉碎或直接投放在混合机内,没有先用玉米粉与预混料在机外混合均匀后,再投入混合机内。

3.搅拌时间不一

养殖场在预混料投入后,有的搅拌25～30分钟,有的搅拌5～8分钟,有的搅拌40分钟以上,时间长短不一,非常容易引起饲料原料与添加剂之间的均匀度不一致。

4.机械工艺不规范

养殖场使用的饲料机械有卧式搅拌机、立式混合机和粉碎与搅拌一体的饲料生产机械,机械筒仓的防静电效果较差,容易造成筒仓铁皮黏附一层微细饲料,会影响预混料的生产效果和配合饲料的营养价值。

5.计量不准

使用添加预混料要严格遵循剂量的精确定量,不可过多或过少。

6.重复添加

重复添加相关的成分,甚至添加违禁药物。

(七)保存添加剂预混合饲料的注意事项

1.贮存

应把采购的预混料置放于阴凉、干燥、通风的地方,地面上铺有垫板,同时要注意防潮。

2.保管

预混料要有特定的位置或房间贮放,应按乳猪料、小猪料、育成猪料、成年猪料、公猪料、怀孕母猪料及哺乳母猪料等不同品种分类储存保管。根据产品的生产日期,按"陈的先用"或"早进早出"的库存周转使用。

二 载体

(一)载体的概念

载体是指能够接受和承载微量成分的可饲喂动物的物质。它不但能够对微量活性成分起到承载作用,而且能有效提高微量活性成分的散落性,使微量活性成分能够充分地分散到饲料中去。

常用的载体分为有机载体与无机载体两类。有机载体又分为两种:一种是含粗纤维多的物质,含水量一般控制在8%以下,如小麦粉、玉米粉、脱脂米糠粉、稻壳粉、大豆壳粉和大豆粕粉等;另一种是粗纤维含量少的物质,多用于维生素添加剂或药物性添加剂的载体,如淀粉和乳糖等。无机载体多用于微量元素预混料的制作,这类载体有磷酸钙、碳酸钙、硅酸盐、二氧化硅、滑石、陶土、食盐、蛭石、沸石粉和海泡石粉等。

(二)载体的基本要求

1.化学稳定性强

载体应是不容易发生化学反应及不含任何药理作用的惰性物质。

2.含水量少

载体中含水量较多容易导致活性成分变性反应加速,故一般要求无机载体的水分含量在5%以内、有机载体的水分含量在8%以内。

3.酸碱度(pH)

一般要求,载体的pH应该接近中性,最好具有缓冲酸碱度的作用,使得预混料保持中性。

4.容重

载体容重应该和微量活性成分的容重相同或者接近,否则,难以保证微量活性成分在预混料中的均匀混合。一般要求,沸石粉等无机物用作微量元素等无机活性成分的载体,玉米芯粉等有机物用作维生素等有机活性成分的载体。部分载体与稀释剂的pH和容重见表2-1。

表2-1　某些载体与稀释剂的pH与容重

名称	pH	容重(克/厘米²)	名称	pH	容重(克/厘米²)
玉米粉	5.0	0.76	脱脂米糠	6.0~7.0	0.31~0.48
玉米芯粉	4.8	0.40	大豆粕	6.4~6.8	0.60
玉米秸秆粉	4.7	0.26~0.28	沸石粉	7.0	0.50~0.70
小麦麸	6.4	0.31~0.40	石灰石粉	8.1	0.93
稻壳粉	5.0~6.0	0.32~0.40			

5.粒度

载体承载微量活性成分的能力是载体的粒度,一般要求,载体的粒度要比承载的活性微量成分大2~3倍,控制粒径在0.2毫米左右。

6.表面特性

载体应具有粗糙的表面或表面有微孔,这样有利于活性物质被承载。

三　稀释剂

(一)稀释剂的概念

稀释剂与载体的区别是稀释剂无法发挥承载微量活性成分的作用,虽然它与载体一样被加入到一种或多种微量活性成分中去。从粒度上说,它粒径较载体小。在预混料中,能稀释微量活性成分并且可以饲喂的物质是稀释剂。

稀释剂也可分为有机物与无机物两大类。有机物类常用的有去胚的玉米粉、蔗糖、豆粕粉、右旋糖(葡萄糖)和烘烤过的大豆粉等,这类稀释剂要求是在粉碎之前要经过干燥处理,含水量低于10%;而无机物类主要指高岭土(白陶土)、石粉和贝壳粉等,这类稀释剂要求在无水状态下使用。

(二)稀释剂的基本要求

稀释剂与载体有相同要求,如在含水量、化学稳定性、容重和酸碱度等方面。但与载体的粒度对比稀释剂要小得多,而且要求粒度的大小一致,粒径控制在0.05毫米左右。它的表面应该光滑,流动性强,因为不要求稀释剂具有承载性能。

四 吸附剂

具有可以吸附液体的性能并且可饲喂的物质称为吸附剂,它可以使液体添加剂转变为固态的预混料。某些抗氧化剂等的饲料添加剂是液态的,使用微量元素作为饲料添加剂时,先将微量元素溶解于水制成溶液之后,由吸附剂制成固态,再烘干便成为预混料。

吸附剂一般分为两类。一类是有机物类如脱脂的玉米胚粉、小麦胚粉、玉米芯碎片、大豆细粉及吸水性强的谷物类等,另一类是无机物类,包括蛭石、二氧化硅及硅酸钙等。实际上载体、吸附剂及稀释剂大多是相互混用的,但从制作预混合饲料工艺的角度出发来区别它们,对于正确选用载体、稀释剂和吸附剂是有必要的。

▶ 第三节 饲料添加剂混料的配制技术

一 设计原则

全价配合饲料的重要成分是预混料,它依赖科学的配方和严格而合理的加工工艺。基础饲粮中均匀混拌预混料,可以使动物能够有效利用微量添加剂成分。对预混料有如下要求:

(一)全面性

由于饲料添加剂在配合饲料中有不同的效果,要满足畜禽多方面的营养需求,故在设计饲料添加剂预混料配方时要全面地考虑。既要考虑饲料营养水平的全面性与平衡性,还要考虑防疾病、促生长和适口性等特殊作用,并有提高饲料利用转化率和防霉变及抗氧化等功能。因此,设计饲料添加剂预混料配方时,应根据实际情况如原料配方、饲料品种和一些特殊需求,进行全面、综合及合理的考虑并设计,使得饲料添加剂预混料能满足动物多方面的需求,具有多种效果。

(二)有效性

饲料添加剂的数量非常多,但使用每一种饲料添加剂都必须对具体的使用对象具有一定的实际作用效果。如果饲料添加剂对使用动物没有效果或作用不显著,就需要淘汰更换。例如,饲料原料配方中的维生素种类很全面时,就不必再额外添加维生素添加剂。

(三)经济性

配合饲料是一种具有一定经济性的商品,故饲料添加剂配方的设计也应考虑经济性。如果仅仅考虑生产性能和作用效果,配方能够设计得较完美,具有优良的饲养效果,但会导致配方成本较高,也不切合实际生产。因此,饲料添加剂预混料配方的设计应兼顾饲料的配方成本和生产性能,追求性价比,对非必需的添加剂一般无须添加。例如,秋冬季时天气凉爽,干燥剂等就可少用或不用。另外,应根据实际情况少用或不用进口昂贵的饲料添加剂,要选用作用效果相似的国产添加剂或其他添加剂代替。

(四)稳定性

规模化和集约化养殖的畜禽对配合饲料的变化较敏感,如果饲料突然更改,可能会导致动物发生应激,影响动物的正常生长发育,从而影响动物生产性能和延长生长周期。因此,饲料配方的稳定性也是影响饲料质量的一大因素。饲料添加剂预混料配方的设计也应在一定时间内保持相对稳定,不要随意变动,如需调整配方,也应有序更改,不可突然变化较大。

(五)衔接性

工厂化的养殖一般按动物的不同发育阶段转群换舍进行饲养,饲料配方也要依据不同发育阶段的特点单独设计。因此,设计饲料添加剂预混料配方应考虑转料阶段之间的衔接性,特别是饲料口味不应变化太大,药物添加剂要轮流使用或交替使用等,以保证动物能够顺利转料,避免发生应激,使得动物保持较好的生产性能。

(六)灵活性

饲料添加剂预混料配方虽然具备一定的稳定性,但由于季节变化、动物种属差异、环境差异、区域不同和动物的健康状况不同等因素,配方也应有所区别,才可以最大限度地保证饲料的投喂效果和节约生产成本。如球虫病低发地区和低发季节就可减少药物或应用相对低效药物,切忌一成不变。

(七)侧重性

饲料添加剂预混料在全面满足作用效果和多种生产性能的前提下,要有一定的针对性和侧重点。例如,仔猪预混料的关注点就是要能有效地防止仔猪腹泻,使仔猪能够正常地生长发育。蛋鸡预混料的关注点就是使其具有较高的产蛋率和较好的蛋重,而种鸡预混料的关注点是提高种蛋的孵化率和受精率。因此,设计饲料添加剂预混料配方应根据天气转换、动物种属的差异和环境不同等应激情况及管理水平等实际情况,有侧重点和针对性地进行设计,才能最大限度地发挥饲料添加剂的作用。

(八)适量性

一种添加剂的使用剂量如果较低,达不到一定的浓度,可能难以发挥明显的作用。但如果使用过量,不仅造成没必要的浪费,而且可能产生不良作用,甚至造成动物中毒以致死亡。因此,设计饲料添加剂预混料配方,要严格依据有关使用剂量的说明,根据动物品种和不同生长阶段的特点及实际情况适量添加应用,不能随意增大用量。

(九)配伍性

一般每种饲料都会使用多种具有不同功能的饲料添加剂,有时为了加强某种饲料的作用效果,也会同时联用两种及两种以上具有相同作用效果的饲料添加剂。在设计这类饲料添加剂预混料配方时,要充分考虑添加剂相互之间的配伍性,同时避免应用的饲料添加剂之间产生拮抗作用,特别是药物添加剂之间不能有无关作用和拮抗作用,并尽可能减少添加剂相互之间的干扰和影响。例如,在使用盐霉素作为抗球虫添加剂时,就不能再使用泰妙菌素等;应用氨丙啉时,就应尽可能降低维生素 B_1 的用量;使用着色添加剂时,应适当降低钙和维生素 A 的水平。

(十)安全性

由于一些饲料添加剂存在某些不良作用,故设计饲料添加剂预混料配方时,应注意饲料添加剂的安全性。只有具有较高的饲料安全性,才能保证饲料的作用效果和质量水平。首先,一些被禁用的添加剂品种和有明显毒副作用的饲料添加剂不要选用;其次,应严格控制饲料添加剂的使用剂量,尤其是一些药物饲料添加剂和重金属元素要在安全范围内添加;最后,应注意加工工艺和保存条件,注意要有较好的混匀性和在保存期限内应用。

(十一)卫生性

由于一些饲料添加剂有抗生素等药物残留,容易产生耐药性和环境污染等副作用,可能对动物和人类产生不良影响。现在提倡绿色和环保的饲料产品,故设计饲料添加剂预混料配方也应考虑产品的卫生性。不

选用副作用较大和未经批准的饲料添加剂品种,尽可能选用用量少、高效和无残留等新型而环保的饲料添加剂;注意药物添加剂的使用期限,制订科学而合理的药物添加剂的用药方案;严格控制一些饲料添加剂的停药期,在产蛋鸡及其他动物的生长后期和奶牛等饲料品种中,不要使用有药物残留的饲料添加剂品种,尤其是土霉素等一些抗生素添加剂。

(十二)创新性

由于生物工程和动物营养学等技术的发展,一些新型饲料添加剂不断涌现。新型饲料添加剂一般具有环保、高效和安全等特点,故饲料添加剂预混料配方的设计要敢于接受新事物和新思想,对一些新型饲料添加剂要勇于尝试,有条件的应该进行一些对比试验,验证其在动物身上的实际应用效果。只有紧跟各种最新发展的技术潮流,掌握不同新型饲料添加剂的使用技术和应用方法,具有创新的设计思想,才能设计出符合时代要求、具有较好作用效果和良好经济效益的饲料添加剂配方。

二 设计步骤

将营养性复合预混料作为案例讲解,步骤设计如下:

(1)在饲养标准中,搜索出各种少量或微量养分(如亮氨酸等必需氨基酸、钙和磷等常量元素、维生素和微量元素等)的动物需要量。

(2)测定或计算基础饲粮中各种少量或微量养分的含量。

(3)计算少量或微量养分在饲粮中的添加量,一般可用下列公式表示:

$$饲粮中养分添加量=养分需求量×调整系数-该养分基础饲粮中的含量×有效率$$

公式中,养分需要量 × 调整系数就是养分的供给量。调整系数是指饲喂对象的现实情况和环境条件等对理论营养需要量即饲养标准做适当调整的系数,如维生素等养分,调整系数大于1。基础饲粮中有效率是指基础饲粮中氨基酸等养分对动物的有效利用率,其有效率多假定为0.9,用于喂猪的基础饲粮中磷(植物源性磷)的效率多假定为0.3。另外,一般将基础饲粮中维生素和微量元素含量作为安全裕量,故将基础饲粮中维生素和微量元素含量假定为0,养分供给量和养分在动物体内产生的效应可用图2-2表示。

图 2-2　养分供给量与效应性质

动物发生营养缺乏症多是由于养分供给量低于图 2-2 中的 C低时。饲粮中养分不足或缺乏将导致动物对养分的摄入量不足,组织发生减饱和作用,引发生化损伤以致临床损伤和解剖损伤,严重者最终死亡。

(4)养分在预混料中的计算用量一般可用下列公式表示:

在预混料中养分用量=饲粮中养分添加量÷饲粮中预混料添加比例

养分的原料在预混料中用量=预混料中养分用量÷在原料中该养分的比例

各种必要的营养性添加剂原料加完之后,再添加某些必要的非营养性添加剂原料,用载体和稀释剂将余下的质量空间补满。预混料的配方就是预混料中各种原料成分的用量。

三　预混料中矿物质、维生素和氨基酸的适宜供给量

这里基于营养生态经济的观点,讨论预混料中矿物质、维生素和氨基酸的适宜供给量。

(一)矿物质的适宜供给量(注:以饲粮为基础计算,下同)

1.钙

非产蛋陆上动物为 0.5%(成年或生长后期)~1.1%(幼龄);产蛋家禽为 3%~4%;鱼类为 0.5%~10%;虾蟹为 1%~2%。

2.磷

猪:有效磷 0.15%(成年或生长后期)~0.45%(幼龄);总磷>0.2%(成年或生长后期)或 0.5%(幼龄)(使用植酸酶)。家禽:有效磷 0.3%(成年或生长后期)~0.5%(幼龄);总磷>0.3%(成年或生长后期)或 0.5%(幼龄)(使用植酸酶)。草食动物,总磷 0.3%(成年或生长后期)~0.6%(幼龄)。鱼类:总磷≥0.6%。

3.食盐

(钠和氯)0.3%~0.6%。

4.铁

幼龄或生长前期动物,约100毫克/千克;成年或生长后期动物,一般无须在基粮中加铁。原因:第一,铁在体内可被循环利用;第二,我国天然饲料原料如饼粕、糠麸类饲料富含铁,如玉米中铁含量为181毫克/千克,小麦麸中铁含量为169毫克/千克,米糠中铁含量为229毫克/千克,大豆饼(粕)中铁含量为491毫克/千克,鱼粉中铁含量为1 508毫克/千克(均以干物质计)。

5.铜

作为营养物质,大多数动物的铜供量一般为4～15毫克/千克。

6.锰

家禽:60毫克/千克;草食动物:20～40毫克/千克;种猪:20毫克/千克;商品猪:2～5毫克/千克。

7.锌

家禽:40～80毫克/千克;猪:50～100毫克/千克;草食动物:40～80毫克/千克。

8.碘

家禽:0.35～0.60毫克/千克;猪:0.15～0.45毫克/千克;草食动物:0.20～0.60毫克/千克。

9.硒

0.1～0.3毫克/千克。

10.钴

草食动物:0.1～0.5纳克/千克饲粮;猪、禽类饲粮中一般不必补充钴。

(二)维生素的适宜供量

1.维生素A

猪和鸡:4 000～8 000国际单位;鸭和鹅:6 000～10 000国际单位;草食动物:7 000～10 000国际单位(以精料补充料为基础)。

2.维生素D

维生素D供给量与维生素A供给量有一定的数量关系,一般为维生素A供给量的1/10～1/6。

3.维生素E

猪和禽(非种用):10～25毫克/千克;猪和禽(种用)及草食动物:>40毫克/千克。

4. 维生素K

猪和鸡:0.5~10毫克/千克;鸭:2~4毫克/千克。

5. 维生素B₁

猪和鸡:1~2毫克/千克;鸭和鹅:2~4毫克/千克。

6. 维生素B₂

猪和鸡:2~4毫克/千克;鸭和鹅:5~8毫克/千克。

7. 维生素B₆

猪:1~2毫克/千克;鸡:3~5毫克/千克;鸭:>5毫克/千克。

8. 烟酸

猪:7~20毫克/千克;鸡:10~30毫克/千克;鸭和鹅:30~60毫克/千克。

9. 泛酸

猪和非产蛋禽:7~20毫克/千克;产蛋禽:3~10毫克/千克。

10. 生物素

0.05~0.20毫克/千克。

11. 叶酸

商品猪和鸡:0.3~0.6毫克/千克;鸭和鹅:1~2毫克/千克;种猪:>1.3毫克/千克。

12. 维生素B₁₂

猪和鸡:5~20微克/千克;鸭和鹅:约10微克/千克。

13. 胆碱

商品猪:300~600毫克/千克;鸡:500~1 300毫克/千克;种猪:>1 000毫克/千克;鸭和鹅:1 000~1 200毫克/千克。基粮中某些饲料原料中胆碱含量多,玉米:440~624毫克/千克,小麦麸:980~2 285毫克/千克,米糠:972~1 390毫克/千克。大豆饼(粕):2 233~2 850毫克/千克,鱼粉:2 867~9 692毫克/千克(以干物质计),故不能按上述量添加。

14. 肌醇

主要被用于鱼类,在饲粮中供给量>100毫克/千克。

15. 维生素C

主要被用于人、灵长类动物、鱼类;用于其他动物,可增强其抗应激能力。在饲粮中供给量为50~200毫克/千克。

16.反刍动物饲粮中维生素K和维生素B供给原则

一般在成年反刍动物基粮中不必补充维生素K和维生素B;在高产反刍动物(如高产奶牛)基粮中可考虑补充某些维生素B(如烟酸等);对幼年反刍动物(如犊牛和羔羊),维生素K和维生素B的供应可参照猪的供给标准。

(三)赖氨酸、蛋氨酸供给方法

1.主要饲料原料

赖氨酸、蛋氨酸的大致含量参见表2-2。

表2-2　五种主要饲料原料中赖氨酸和含硫氨基酸含量(单位:%)

类别	玉米	大豆粕	鱼粉	米糠	小麦麸
赖氨酸	0.25	2.60	5.00	0.70	0.55
蛋氨酸	0.18	0.63	1.66	0.25	0.12
含硫氨基酸	0.35	1.30	2.10	0.44	0.37

2.常用基础饲粮

动物生产上,常用的基础饲粮如玉米(60%)、豆粕(22%)、鱼粉(3%)、糠(5%)和麸(5%)等基础饲粮,其中,赖氨酸、蛋氨酸和含硫氨酸大致含量分别为0.93%、0.31%和0.60%。

3.猪和禽类

赖氨酸及蛋氨酸的大致需要量参见表2-3。

表2-3　猪、禽对赖氨酸和蛋氨酸的需要量(单位:%)

类别	赖氨酸	蛋氨酸
种公猪	0.60	0.16
母猪	0.54 ~ 0.58	0.14 ~ 0.16
商品猪	0.60(肥育猪) ~ 1.5(仔猪)	0.16(肥育猪) ~ 0.40(仔猪)
家禽	0.50 ~ 1.20(雏禽)	0.25 ~ 0.50(雏禽)

四　赖氨酸、蛋氨酸的补充量

将猪、禽的赖氨酸、蛋氨酸需要量与其常用基础饲粮中的赖氨酸和蛋氨酸含量进行比较后发现:

(1)在成年猪和禽的基础饲粮中无须再添加赖氨酸和蛋氨酸。

(2)在仔猪和雏禽的基础饲粮中仍需补充赖氨酸和蛋氨酸,补充量为营养需要量–基础饲粮中含量,或营养需要量–基础饲粮中含量×90%。

第四节　配合饲料配制技术

配合饲料是依据动物不同发育过程和生产用途的营养需求和饲料的能量价值,将各种单一饲料按照相关比例和工艺技术均匀混合而生产的营养价值能满足动物不同需求的饲料,也称全价饲料。

一　配合饲料配方设计原则

(一)符合畜禽的生理特点
不同畜禽由于生理结构特点不同,对饲料的需求差异很大。各种畜禽每日干物质需要量应符合动物消化道容积。

(二)营养性原则
依据饲养标准确定营养指标,在此基础上,再根据短期饲养实践中畜禽生长和生产性能反映的情况予以适当调整,对一些容易受加工、贮存和使用过程影响的敏感指标应适当考虑"安全系数",以满足畜禽对营养的需求。

(三)安全性原则
既要考虑营养平衡,又要考虑日粮的适口性与安全性。如对于含有有毒成分的原料如棉粕和菜粕等要限量饲喂。原料选用要符合我国饲料质量标准和卫生标准,严禁在配方中使用有害有毒的成分,各种违禁饲料添加剂不能用于配方中,发霉变质或受微生物污染的原料也不能使用。

(四)经济性原则
饲料配方的成本很大程度上决定了饲料产品的经济效益。配方的质量与成本之间需要平衡,既要满足营养需求,又要尽可能降低成本,在进行饲料配制时要尽量选用营养丰富、质量稳定、价格低廉、资源充足的饲料,以降低饲料成本。

(五)市场性原则
饲料产品最终通过市场销售到用户端发挥功效,市场是对饲料产品最好的检验。饲料配方在设计时应明确饲料产品的档次、市场定位及目

标客户等,分析同类竞争产品的特点,以使设计的产品有较大的市场占有率。

二 配合饲料设计步骤

(一)确定饲料产品设计的目标

饲料产品目标有多重性,如最佳的动物生产性能、最高的产品利润率、最大的市场占有率及最佳的生态效益等。有些目标是一致的,有些目标是相悖的,有时可以兼顾多个目标,有时却只能明确一个目标。

(二)确定饲养标准水平

根据不同的目标定位,选择不同的饲养标准,并根据实际情况调整某些指标的营养水平。

(三)选择饲料原料

饲料原料的选择必须同时考虑饲料原料的营养性、适口性、价格及畜禽的消化道生理。应选择来源充足、可稳定供应的饲料原料。

(四)计算饲料配方

可以用手工计算或借助专门的计算机软件设计饲料配方,在计算过程中,必须根据饲料原料的营养特性、有毒有害成分含量及物理特性等确定饲料的用量与比例。

(五)评价配方质量

请有经验的人帮忙分析,进行成分分析检测或小规模的饲养试验,以检验配方设计是否符合原来的预期值,是否需要进一步对饲料配方进行调整。

三 配方设计方法

常用的饲料配方设计方法有手工法和计算机规划法两大类,下面介绍几种常见的配方设计方法。

(一)交叉法

又称四角法、对角线法或图解法。在饲料原料不多及营养指标少的情况下多采用此方法,较为简便。例如:用玉米和豆粕配制粗蛋白水平为14%的配合饲料,其中玉米的粗蛋白水平为8%,豆粕的粗蛋白水平为46%。可用以下方法进行交叉:

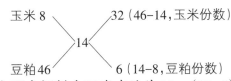

因此,得出在配合饲料中玉米占比为$32 \div (32+6) \times 100\% \approx 84.21\%$,豆粕占比为$6 \div (32+6) \times 100\% \approx 15.79\%$。

(二)试差法

又称为经验法,是较普遍采用的方法之一。根据经验初步拟出各种饲料原料的大致比例,用各自的比例去计算原料所含的各种养分的百分含量,计算出各种原料的同种养分含量再相加汇总即得该配方的每种养分的总量;将所得结果与饲养标准进行对照,若有养分超过或不足,可通过增加或减少相应原料比例进行调整和重新计算,直至所有的营养指标都基本满足要求。这种方法简单,可用于各种配料技术,应用广泛,但是计算量大,不易筛选出最佳配方,相对成本可能较高。

(三)线性规划法

又称LP法,是最早采用运筹学有关数学原理进行饲料配方优化设计的一种方法。该法将多种饲料,同时考虑多项营养指标,设计出营养成分合理、价格最低的配合饲料配方。例如:在饲料配方设计中,用n种饲料原料,满足m个营养指标,同时使饲料成本价达到最低要求。设x_i(x_1, x_2, x_3, $\cdots$, x_n)为参与配方配制过程的各种原料相应用量,w_0为所有饲料原料用量之和(通常为1、100%或100等),a_{ij}($i=1, 2, 3, \cdots, m; j=1, 2, 3, \cdots, n$)为各种原料所含有的相应的养分,$b_j$($b_1$, b_2, b_3, $\cdots$, b_m)为配方中应满足的各种营养指标的预定值,c_i(c_1, c_2, c_3, $\cdots$, c_n)为每种原料相应的价格系数,Z为目标值(最低成本),则下列模型成立。

目标函数:

$$Z_{\min} = c_1x_1 + c_2x_2 + c_3x_3 + \cdots + c_nx_n$$

同时满足的约束条件:

$$a_{11}x_1 + a_{12}x_2 + a_{13}x_3 + \cdots + a_{1n}x_n \geq b_1$$

$$a_{21}x_2 + a_{22}x_2 + a_{23}x_3 + \cdots + a_{2n}x_n \geq b_2$$

$$a_{31}x_2 + a_{32}x_2 + a_{33}x_3 + \cdots + a_{3n}x_n \geq b_3$$

$$\cdots\cdots$$

$$a_{m1}x_2 + a_{m2}x_2 + a_{m3}x_3 + \cdots + a_{mn}x_n \geq b_m$$

$$x_1 + x_2 + x_3 + \cdots + x_n = w_0$$

$$x_1, x_2, x_3, \cdots, x_n \geq 0$$

即可求出满足约束条件下的最低成本配方。

▶ 第五节　浓缩饲料配制技术

浓缩饲料指蛋白质饲料、矿物质饲料和添加剂预混料按一定比例配制而成的均匀混合物。浓缩料不可以直接饲喂畜禽,需要与能量饲料按照一定比例配制成为精饲料才能使用。

一　浓缩饲料配方设计原则

浓缩饲料配方设计原则与配合饲料设计原则基本一致,详见第二章第四节。

二　浓缩饲料配方设计步骤

浓缩饲料配方设计方法有两种:一是先设计一个全价饲料配方,然后再从中抽出浓缩料饲料配方;二是直接计算浓缩料配方。

(一)由全价配合饲料中抽出浓缩料配方

首先,根据饲养标准和饲料原料情况设计配合饲料;其次,确定浓缩料添加比例,去除能量饲料后,把其他各量看成一个整体,除去确定的百分比。例如:配合饲料中豆粕占比为20%,浓缩料的比例为30%,则豆粕在浓缩料中的添加比例为20%÷30%×100%≈66.7%。

(二)直接计算浓缩料配方

该方法与配合饲料设计步骤一致,先查营养需求,再用人工或者计算机配方软件计算浓缩料的饲料配方。

参考文献

[1] 王成章,王恬.饲料学实验指导(动物科学专业用)[M].北京:中国农业出版社,2003.

[2] 李新媛.浓缩饲料利用技术[J].甘肃畜牧兽医,2015,45(4):17.

[3] 曲环昌.正确使用全价配合饲料[J].农村实用工程技术,1996,(6):13.

[4] 周明.饲料学[M].北京:化学工业出版社,2010.

[5] 林建民.养殖场添加剂预混料的应用与注意事项[J].福建畜牧兽医,2021.

[6] 周明.微量元素对动物繁殖机能的影响[J].饲料广角,1990(6):12.

［7］周明.从饲料、草场资源谈安徽省草食动物的发展［J］.黄牛杂志,1998,24
（5）:45.

［8］刘国信.饲料添加剂预混料的配制原则［J］.养禽与禽病防治,2017,（8）:3.

第三章

无公害猪饲料的配制与加工

养猪业是我国畜牧业的重要组成部分。我国是世界上养猪最早、养猪最多的国家,也是猪肉产量最大的国家,在我国的肉类消费中,猪肉的消费占比在60%以上。因此,养猪业关系着国民经济的稳定,如何在新时代继续推动养猪业的发展,是畜牧生产者面临的难题。本章主要介绍猪的消化生理、营养需要、日粮配方设计及无公害猪饲料的配制与加工方法,以期推动无公害饲料在养猪业生产上的推广和应用。

▶ 第一节 猪的消化生理

一 猪的消化道结构及其特点

猪是杂食动物,其消化道结构具有典型的单胃动物的特点(图3-1),

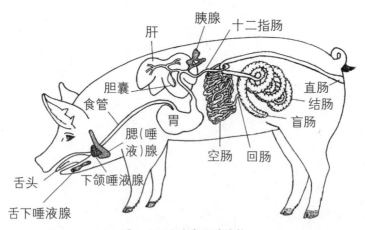

图3-1 猪的消化道结构

资料来源:Lewis A J,Southern L L. Anatomy of the digestive system and nutritional physiology[M]. Swine Nutrition:CRC Press,p51-84,2000.

但它与马属家畜动物不同,盲肠不发达,也被称为盲肠无功能家畜。

(一)口腔和食管

猪的上唇短而厚,与鼻连在一起构成坚强的吻突(即鼻吻),能掘地觅食;猪的下唇尖小,活动性不大,但口裂很大,牙齿和舌尖露到外面即可采食。猪具有发达的犬齿和臼齿,靠下颌的上下运动将坚硬的食物嚼碎。猪的唾液腺发达,能分泌较多含淀粉酶的唾液,淀粉酶的活性比马、牛强14倍。唾液除能浸润饲料便于吞咽外,还能将少量淀粉转化为可溶性糖。猪舌长而尖薄,主要由横纹肌组成,表面有一层黏膜,上面有不规则的舌乳头,大部分的舌乳头有味蕾,能辨别味道。饲料经猪采食后通过食管很快进入胃。

(二)胃

猪胃的容积7~8升,是介于肉食动物的简单胃与反刍动物的复杂胃之间的中间类型,食物进到胃里可进行物理、化学消化和贮备过程。胃主要进行蛋白质的分解作用,胃壁细胞分泌盐酸,使胃内pH维持在2.0以下水平,促使非活性的胃蛋白酶原激活成胃蛋白酶,提供胃蛋白酶所需要的酸性环境。猪胃中所发现的胃蛋白酶主要在pH 2.0~3.5的酸性环境中表现出最佳活性。哺乳仔猪在胃中可进行凝乳反应,凝乳酶先将酪蛋白原转变成酪蛋白质,增加胃液对乳汁的消化。食物经胃中消化,变成流体或半流体的食糜,食糜随着胃的收缩运动逐渐移向小肠。

(三)小肠

小肠占胃肠管容积的1/3,食物的消化和吸收主要在此进行。猪的小肠很长,且随着猪的生长有很大的变化,成熟期猪的小肠总长为18米左右,是体长的15倍,容量约为19升。十二指肠为小肠的开端,接下来就是空肠和回肠,但猪的空肠和回肠没有明显的界线,回肠是小肠末端与大肠的连接。小肠的黏膜由外往里可分黏膜肌层、肠感受部及肠黏膜。肠感受部与上皮细胞共用进行血管、淋巴管及中间物作用。肠黏膜表面有无数突起物——绒毛,极大地增加了营养物质的吸收面积。每一条绒毛的外周为一层柱状上皮细胞,这种上皮细胞具有特殊的吸收能力,在上皮细胞的肠腔边缘排列着数百条微绒毛,使得肠道的吸收面积又增加了数百倍。微绒毛被糖蛋白覆盖,这两种物质的结合状态称为刷状缘膜,这里含有可水解碳水化合物和蛋白质的各种酶,其表面又有很多运输蛋白,绒毛的基底部有管状隐窝。小肠内有肠液分泌,并含有胰腺分泌的胰液和胆囊排出的胆汁,食糜中的营养物质在消化酶的作用下进一

步被消化。随着小肠的蠕动,剩余的食糜进入大肠。

(四)大肠

猪的大肠由盲肠、结肠及直肠组成,长度4.6~5.8米。猪的盲肠很短,盲肠内的微生物对纤维素有一定的消化作用。大肠的主要功能是吸收水分、电解质和小肠来不及吸收的物质,大肠内未被消化和吸收的物质,会逐渐浓缩成粪便从肛门排出体外。

二 猪的消化生理特点

(一)饲料的消化方式

饲料在消化道内有三种消化方式,即物理性消化、化学性消化和微生物消化(表3-1)。物理性消化即机械性消化,在饲料的消化过程中发挥着重要作用,各段消化道通过收缩运动,包括咀嚼、吞咽和胃肠道的运动等,将大块的饲料磨碎成小块,增加饲料与消化液的接触面积,从而有利于饲料的进一步消化;其次,由于胃肠道的收缩运动,使已消化的饲料营养物质能与消化道壁紧密接触,有利于消化产物的吸收。化学性消化主要指消化液含有的消化酶对饲料的消化作用。动物的消化液包括唾液、胃液、肠液、胰液和胆汁等,其中除胆汁外都含有消化酶。这些消化酶都是水解酶类,可将结构复杂的大分子物质水解成简单的小分子物质,如蛋白质水解为氨基酸,碳水化合物(主要是淀粉)水解为单糖(主要是葡萄糖),脂肪水解为脂肪酸和甘油等。微生物消化是指消化道内的微生物参与的消化作用,对草食家畜特别重要,在猪的大肠中也存在微生物,并参与饲料的消化过程。这三种消化是互相联系、同时进行的。对于猪来说,饲料在其口腔中停留的时间较短,口腔的物理性消化作用较牛、羊等草食家畜偏弱,其口腔中虽然有唾液腺的分泌,但主要起到浸润饲料的作用,对淀粉的化学消化能力不强;胃蛋白酶对蛋白质具有中

表3-1 饲料的消化方式及其特点

消化方式	消化部位	消化工具	作用效果
物理性	口腔	牙齿	磨碎饲料,增加表面积
	消化道	肌肉收缩	使食糜和消化液混合
化学性	消化道	来源于动物自身的酶	使养分从大分子变成小分子
微生物	瘤胃	来源于微生物的酶	养分降解,新物质合成
	大肠	来源于微生物的酶	养分降解,新物质合成

等程度的消化能力;而小肠作为猪养分消化吸收的主要场所,得益于小肠内丰富的消化酶种类,其对蛋白质、脂肪、碳水化合物都有很强的消化能力。

(二)猪各器官对饲料的消化特点

猪胃液中主要分泌的消化酶有蛋白分解酶和脂肪分解酶。胃蛋白酶原由胃壁黏膜的主细胞分泌,除此以外,主细胞还能分泌产生凝乳酶、脂肪酶等,而壁细胞则分泌产生盐酸,维持胃中的酸性环境。饲料的蛋白质经胃蛋白酶分解为蛋白肽和蛋白胨,脂类在胃脂酶的作用下产生乙酸甘油酯和短链脂肪酸。胃液中不含消化糖类的酶,对糖类没有消化作用。

小肠是猪消化吸收的主要部位,几乎所有消化过程都是在小肠中进行。糖类在胰淀粉酶、乳糖酶、麦芽糖酶、葡萄糖淀粉酶的作用下分解为葡萄糖被吸收。胃中未被分解的蛋白质经胰蛋白酶继续分解为蛋白肽和蛋白胨,再经小肠蛋白酶分解为氨基酸,经肠壁吸收,进入血液。脂类在胆汁、胰脂肪酶和肠脂肪酶的作用下,分解为脂肪酸和甘油被吸收。

进入大肠的物质,主要是未被消化的纤维素及少量的蛋白质。大肠黏膜分泌的消化液含消化酶很少,其消化作用主要靠随食糜来的小肠消化液和大肠微生物作用。蛋白质受大肠微生物作用分解为氨基酸和氨,并转化为菌体蛋白,但不再被吸收。纤维素在胃和小肠中不发生消化作用,在结肠内由微生物分解成挥发性脂肪酸和二氧化碳,前者被吸收,后者经氢化变为甲烷由肠道排出,猪大肠的主要功能是吸收水分。猪大肠对纤维的消化作用既比不上反刍家畜的瘤胃,也不如马、驴发达的盲肠。因此,猪对粗纤维的消化利用率较差,日粮中粗纤维的含量越高,猪对日粮的消化率也就越低。

▶ 第二节 猪的营养需要及其特点

猪在其不同的生长阶段,对于养分的需求有所不同。因此,考虑猪的营养需求时,一般根据其所处的生产阶段进行研究。目前,生产中对于猪营养需要的划分主要分为种公猪、后备母猪、妊娠母猪、哺乳母猪、仔猪和生长育肥猪。

一 种公猪的营养需要

（一）种公猪的生理特点

种公猪的日粮营养水平相对较低。因为要求种公猪应有一个良好的体况：健康、不肥胖。配种对它来说是一种生产，又是一种生理功能，所以它不需要过高的营养水平。种公猪日粮结构应以精料为主，饲粮结构根据配种负担而变动，配种期间的饲粮中，能量饲料和蛋白质饲料应占80%～90%，其他种类饲料占10%左右；非配种期间，能量饲料和蛋白质饲料应减少到70%～80%，其余可由青粗饲料来满足。

（二）种公猪的营养需要

种公猪对能量的需要在非配种期，可在维持需要的基础上提高20%，配种期可在非配种期的基础上再提高25%。

1.蛋白质

种公猪的精液中干物质含量的变动幅度为3%～10%，蛋白质是精液的主要成分。日粮中蛋白质的含量与蛋白质的品质，可直接影响到种公猪的射精量和精液品质。因此，必须保证种公猪的蛋白质需要。在我国当前的饲养条件下，种公猪日粮中粗蛋白质在17%左右，若日粮中蛋白质品质优良，可适当降低。

2.矿物质和维生素

钙、磷对种公猪的生长速度、骨骼钙化、四肢的健壮程度、公猪性欲及爬跨能力有直接的影响。因此，钙、磷比例不能被忽视。矿物质元素锌对精子的生成起重要作用，缺锌可导致间质细胞发育迟缓，降低促黄体生成素，减少睾丸类固醇的生成。每千克日粮中锌的含量不得少于75毫克，其他矿物质元素的需要量与母猪相近。公猪对维生素的需要量与母猪比并不高，但是维生素E和维生素C对公猪抗应激有重要作用。近几年来研究表明，生物素对提高公猪繁殖性能，增加蹄的强度，减少蹄、腿的损伤有重要作用。

二 后备母猪的营养需要

凡是留作种用，从断奶开始进入配种繁殖阶段之前的母猪被称为后备母猪。培育好后备母猪是猪群高产、稳产的重要条件之一。后备母猪虽然也处于生长期，但与生长育肥猪的饲养目的不同。育肥猪生长到90

千克,就完成了整个饲养过程,而后备母猪生长到90千克才是生产繁殖的开始。

(一)后备母猪的生理特点

4月龄以上的后备母猪,其消化器官比较发达,消化功能和适应环境的能力逐渐增强,是内部器官发育的生理成熟时期。小母猪在4月龄以前,相对生长速度最大,骨骼生长速度最快,4月龄以后逐渐减慢,6月龄以后体内开始沉积脂肪,4~7月龄肌肉生长快。凡是生长快的小母猪,其繁殖的能力强,故应在后备母猪生长最快的时期,给予良好的培育条件,以获得较好的成年体重和今后的繁殖成绩。因此,培育后备母猪,要经常观察其生长情况,进行合理选择和淘汰。

(二)后备母猪的营养需要

对于后备母猪的饲养要求是能正常生长发育,保持不肥不瘦的种用体况。适当的营养水平是后备母猪生长发育的基本保证,过高、过低都会造成不良影响。日粮中的营养水平和营养物质含量应根据后备母猪生长阶段不同而异。要注意能量和蛋白质的比例,特别是要满足矿物质、维生素和必需氨基酸的供给,切忌用大量的能量饲料喂饲,防止后备母猪过肥影响种用价值。

三 妊娠母猪的营养需要

(一)妊娠母猪的生理特点

母猪妊娠后由于妊娠代谢加强,加之胎儿前期发育慢,故营养物质需要在数量上相对减少,饲粮中青粗饲料搭配可以多一些。饲粮的营养水平在满足胎儿生长需要的前提下,母猪适度增长即可。妊娠期间的营养水平不宜过高,过高会降低饲料利用率,容易使母猪过肥,导致胚胎死亡率增加而减少产仔个数。同时,体况过肥会影响下一个繁殖周期,导致停止发情。因此,一般在妊娠以后都要适当降低其营养水平。相反,如果营养不足,不仅影响产仔数和初生重,而且影响哺乳期的泌乳性能。

(二)妊娠母猪的营养需要

1.能量

根据妊娠期的母猪体内生理规律及多年的研究证明,能量供给大致应保持在每日每头进食消化能为20~27兆焦/千克。我国妊娠母猪能量需要标准可按公式"$378W^{0.75}+25.67x$ 每猪日增重(克)"计算,由于前期能

量过高会增加母猪体脂含量,降低母猪泌乳期的采食量,推迟断奶到发情的间隔时间,而能量过低则会减少窝产仔数,所以前期就在此公式的基础上增加10%的能量;而妊娠后期是胎儿快速发育及母猪合成代谢旺盛的时期,所以妊娠后期的能量就在前期的基础上再增加50%的消化能。

2. 蛋白质

蛋白质需要由维持需要和妊娠需要两部分组成。维持需要的蛋白质为50~60克/天,由于妊娠合成代谢的强度不同,前期和后期的蛋白质需要量也有所不同,根据胎儿及母猪体内的生理规律可估算前期、后期的粗蛋白需要量分别为159~179克、213~236克。

3. 粗纤维

粗纤维容积大、吸湿性强,易使母猪有饱感,另外还有刺激消化道黏膜和胃肠蠕动的作用,所以为了保持妊娠母猪正常的消化功能,日粮中含有少量(10%~20%)的粗纤维亦是必要的。妊娠母猪由于人为限制了其活动,如果日粮粗纤维不足,则会使食物通过消化道时间延长,不利于消化。

4. 矿物质元素

妊娠母猪随着妊娠日龄的增加,对钙、磷的需要量是逐渐递增的,尤其是妊娠后1/4期胎儿生长发育非常迅速,对钙、磷的需要也达到高峰。钙、磷是胎儿骨骼细胞发育形成的重要元素,在此期间一旦缺乏则会导致初生仔猪骨骼畸形,而母猪会动用体内的钙和磷,严重者导致产后瘫疾,损害母猪的繁殖寿命。美国NRC标准(1998年)推荐最低需要量为钙0.61%、总磷0.49%,然而一些国外资料推荐钙、磷含量均高于NRC的推荐量,分别为0.85%和0.70%。鉴于妊娠后期胎儿的迅速发育,建议配制妊娠母猪日粮时就适当提高妊娠后期的钙、磷含量。微量元素铜、铁、锰、锌、硒、碘的需要量虽然甚微,但均可影响正常繁殖,同时影响胎儿的生长发育。铜缺乏可引起母猪贫血,同时引起初生仔猪的先天性贫血、骨骼致畸形等;缺锰会导致仔猪骨骼发育减慢,严重者会使仔猪出生后不久便死亡;缺碘会使母猪预产期推迟,产下的仔猪全身少毛或无毛,出生后不久便死亡;缺锌会降低产仔数、出生重、血清和组织内锌的含量;缺硒会使妊娠母猪早产、流产、死胎,产后易发生乳腺炎。因此,妊娠母猪饲料中微量元素的添加非常重要。而微量元素的添加量各国有所差异,建议在日粮中的用量为铜5~15毫克/千克、铁70~80毫克/千克、锰10~

20毫克/千克、锌50~100毫克/千克、硒0.13~0.15毫克/千克、碘0.14~0.5毫克/千克。

5.维生素

维生素与微量元素一样,需要量非常小,但作用是巨大的。一般来说,妊娠母猪需要所有的维生素,有资料表明,水溶性维生素和维生素K即使在日粮中不添加也能满足妊娠母猪的需要,但添加生物素和维生素C可提高产仔数和仔猪成活率,缩短断奶到发情的时间间隔,添加叶酸可提高妊娠前期的胚胎成活率及窝产仔数。核黄素、维生素B_6、泛酸、维生素B_{12}等能提高产仔数和仔猪出生重。维生素A有利于早期的胚胎存活,其需要量随胎儿的发育而增加。缺乏维生素A,受精卵会发育不良,引起胎儿瞎眼或小眼症;缺乏维生素D会导致胎儿骨骼发育不良;维生素E对母猪繁殖有重要作用,添加维生素E可提高产仔数,增加母猪血浆、组织和初乳中的维生素E含量,同时增强机体的体液免疫,降低出生仔猪的死亡率。

四 哺乳母猪的营养需要

(一)哺乳母猪的生理特点

哺乳母猪的营养需要一般较高,因为它既要维持自己的生命需要,产后需要恢复前的体况,又要泌乳供给仔猪。猪是多胎动物,需要的奶量多,所以哺乳期间对母猪应供给高营养的日粮。哺乳母猪所需营养物质比妊娠母猪高,因为产乳营养比供给胎儿的要高,哺乳母猪除本身的生命活动需要营养外,每日还要产乳4~6千克。乳的质量和产量取决于母猪采食的饲粮及产乳所需的营养物质。饲粮的营养水平为消化能11.14~12.56兆焦/千克、粗蛋白16%~17%、赖氨酸0.9%、钙0.70%~0.75%、磷0.5%~0.6%。哺乳母猪每头每日采食量根据产仔数和母猪体况确定,一般在4.0~8.0千克。饲料粒度大小对哺乳母猪生产性能的影响特别大,根据100头经产母猪的试验可知,玉米粉碎细度从1 200微米减少至400微米,母猪采食量和消化能摄入量提高14%,窝增重提高了11%。适当粉碎对哺乳母猪很重要:一方面母猪分娩后,消化机能下降,适当粉碎对减少消化道负担很有好处;另一方面可使泌乳母猪体内营养物质代谢旺盛。

(二)哺乳母猪的营养需要

仔猪的成活率和哺乳期间的生长情况影响整个猪场的经济效益。要使仔猪在哺乳期间获得良好的成活率和较大的断奶体重,就应该努力提高母猪的泌乳量和奶水的质量,使仔猪吃得好。总的来说,在哺乳期间给母猪提供充足的营养是为了获得最大的泌乳量、最大的仔猪增重和母猪以后良好的繁殖性能。

1.能量

哺乳母猪的能量需要分为维持需要、泌乳需要和生长需要。哺乳期间需要大量的能量,当哺乳母猪摄入的能量不能满足这三种能量需求时,母猪就动用自体脂储备进行泌乳。而当母猪体重损失过大时就会影响下一次发情,干扰猪场的生产。按照目前泌乳母猪日粮能量水平13.6兆焦/千克和平均采食量5千克左右,母猪的能量摄入远不能满足产奶的需要,而必须动用体内的储备,这种能量相对缺乏在整个泌乳期都是存在的。添加脂肪是提高饲粮能量的有效措施,而且还可以增加脂肪酸的含量。特别是在夏季高温季节,添加脂肪尤为重要,可有效提高日粮的能量水平,而且脂肪在代谢过程中产生的体增热较少。脂肪的适宜添加量在2%~3%,添加过多,饲料容易变质且增加饲料的成本。多数试验表明,在泌乳初期的母猪日粮中添加脂肪,还可以提高日产奶量和乳脂率。哺乳母猪具有把日粮中的脂肪直接转化成乳脂的能力,在选择脂肪时须注意脂肪酸的构成,建议少使用饱和脂肪酸和长链脂肪酸含量过高的动物油脂。

2.蛋白质

哺乳母猪对蛋白质的需求较高,粗蛋白含量可配到18%,蛋白原料应选择优质豆粕、膨化大豆或进口鱼粉等。众所周知,鱼粉中的氨基酸和猪的理想氨基酸模式是最接近的,在哺乳母猪饲料中添加鱼粉可以使母猪更好地发挥泌乳性能。在所有氨基酸中,赖氨酸(Lys)是哺乳母猪的第一限制性氨基酸。对于高产母猪,随着Lys摄入量的增加,母猪产奶量增加,仔猪增重提高,母猪自身体重损失减少。现在的高产体系母猪,产奶量增加,所需的Lys含量也增加,美国NRC标准推介的Lys水平(0.75%)是远不能满足需求的。试验表明,当Lys水平从0.75%提高至0.90%时,随着Lys摄入量的增加,每窝仔猪增重提高,母猪体重损失减少。因此,美国新版NRC标准推介的Lys需要量为0.97%。但是Lys含量过高会导致另一种氨基酸——缬氨酸(Val)的不足。有研究结果表明,日粮 Val 与 Lys 比例增加,可提高母猪的泌乳性能和仔猪断奶时的窝重。美国的一项新研究也表明,在母猪泌乳期间,当日粮 Lys 含量超过 0.8% 时,Val 将成为第一限制性氨基酸。Val 是一种支链氨基酸,支链氨基酸是动物体内不能合成而必须从日粮中获取的必需氨基酸。近几年的研究表明,支链氨基酸对泌乳过程有重要的影响。母乳中 Val 含量仅为 Lys 的 73%,但是经乳腺吸收的 Val 却为 Lys 的 137%,这表明 Val 不仅参与乳蛋白合成,而且还可氧化供能并为必需氨基酸合成提供碳源与氮源。较高水平的 Val 和异亮氨酸(Ile)在整个泌乳期都提高了乳脂率,乳脂含量的增加为仔猪的生长提供了更多的能量。Tokach 等研究发现,当 Lys 含量为 0.9%,Val 浓度由 0.6% 上升到 0.9% 时,仔猪断奶重增加。另外,Richert 等通过试验指出,高产母猪日粮中至少应含有 1.15% 的 Val 才能使仔猪达到最大增重。而对 Ile 的研究表明,使仔猪达到最快增重所需的量远远高于 NRC 的推荐量,在高水平 Val(1.07%)情况下,Ile 的最适宜添加量是 0.85%。有试验表明,日粮氨基酸达最适水平,仔猪平均体重比饲喂基础氨基酸母猪所带仔猪提高 2 千克。

3.维生素

维生素 C(150~300 毫克/千克)可减缓高热应激症;维生素 E(30~50 毫克/千克)可增强机体免疫力和抗氧化功能,减少母猪乳腺炎、子宫炎的发生,缺乏时可使仔猪断奶数减少和仔猪下痢。生物素(0.2 毫克/千克)广泛参与碳水化合物、脂肪和蛋白质的代谢,生物素缺乏可导致动物皮炎或蹄裂。高温环境可使动物肠道细菌合成生物素减少,故在饲料中应补充较多的生物素;维生素 D(150~200 国际单位/千克)可调节体内钙、磷代谢。其他一些必需维生素如 B 族维生素、叶酸、泛酸、胆碱等也应适量添加,不可忽视。

4.矿物质元素

钙、磷是骨骼的主要组成成分。钙、磷比例恰当的钙含量在 0.8%~1.0%,磷为 0.7%~0.8%,有效磷为 0.45%,为提高植酸磷的吸收利用率可在日粮中添加植酸酶。钙、磷含量过低或比例失调可造成哺乳母猪后肢瘫痪,在原料选择上应选择优质钙、磷添加剂。母猪在哺乳期间会丢失大量的铁,常常表现为临界缺铁性贫血状态,不但影响健康,而且降低对饲料的利用率,推荐用量为 70 毫克/千克。试验表明,哺乳母猪长期饲喂含锰 0.5 毫克/千克的日粮就会出现骨骼异常、发情不规律或不发情、泌乳

量减少等现象。研究表明,泌乳母猪日粮中添加5～10毫克/千克的锰比较适宜。缺锌对母猪的泌乳性能也有影响,锌可以促进蹄、骨骼、毛发的发育并减少蹄病,同时可以提高母猪的繁殖性能和减少乳腺炎的发生。哺乳母猪对锌的需要量受诸多因素的影响,各个国家给出的锌的添加标准差异较大,我国锌的添加量为60毫克/千克。其他矿物质如硒的需要量为0.15毫克/千克、碘为0.14毫克/千克。哺乳母猪所需的营养还受品种、年龄、胎次、带仔数等因素的影响,另外哺乳母猪采食量的多少直接决定了营养的摄入量。由于母猪的试验所需时间长且所需的投入较大,给母猪营养的研究带来一定的困难,哺乳母猪营养的深入研究有待进一步加强。

（五）仔猪的营养需要

哺乳仔猪是指从出生到断奶阶段的仔猪。仔猪出生前,完全依靠母体供给营养物质和排泄废物;出生后,物质的供应和废物的排泄必须通过消化道来完成。对哺乳仔猪饲养管理的好坏,直接影响以后各阶段的生长发育。

哺乳仔猪的主要特点是生长发育快和生理上不成熟,从而造成难饲养、成活率低。具体表现在以下三个方面:

1.生长发育快

哺乳猪生长速度快,代谢机能旺盛,利用养分能力强。仔猪初生体重小,不到成年体重的1%,但出生后生长发育很快。一般初生体重为1千克左右,10日龄时体重达出生重的2倍以上,30日龄为5～6倍,60日龄为10～13倍。

2.缺乏先天免疫力

仔猪出生时没有先天免疫力,是因为免疫抗体是一种大分子——γ-球蛋白,胚胎期由于母体血管与胎儿脐带血管之间被6～7层组织隔开,限制了母体抗体通过血液向仔猪转移,因而仔猪出生时没有先天免疫力,自身也不能产生抗体。只有吃到初乳以后,靠初乳把母体的抗体传递给仔猪,以后过渡到自体产生抗体而获得免疫力。

3.调节体温的能力差

仔猪出生时大脑皮质发育不够健全,通过神经系统调节体温的能力差。且仔猪体内能源的贮存较少,遇到寒冷天气,血糖很快降低,若不及时吃到初乳很难成活。仔猪正常体温约为 39 ℃,刚出生时所需要的环境温度为 30~32 ℃,当环境温度偏低时仔猪体温开始下降,下降到一定范围开始回升。仔猪出生后体温下降的幅度及恢复所用的时间视环境温度的变化而变化,环境温度越低则体温下降的幅度越大,恢复所用的时间则越长。当环境温度低到一定范围时,仔猪则会冻僵、冻死。

(一)哺乳仔猪的生理特点

和成年猪相比,哺乳仔猪有其特殊消化特点,主要表现在以下几个方面:

第一,仔猪出生24小时内肠道上皮处于原始状态,乳中蛋白质和血清蛋白成分近似,故初乳被仔猪吸收后可不经转化直接进入血液,使仔猪血清γ-球蛋白的水平很快提高,免疫力迅速增加。肠道上皮的这种渗透性随肠道的发育而改变,36~72小时后渗透性显著降低。

第二,仔猪出生时,消化器官虽然已经形成,但其重量和容积都比较小。仔猪出生时胃重仅4~8克,能容纳乳汁25~50克。以后随年龄的增长而迅速扩大,到20日龄时,胃重达到35克,容积扩大2~3倍;到60日龄时,胃重可达150克。在整个哺乳期内,小肠的长度约增长5倍,容积扩大50~60倍。消化器官这样的强烈生长随仔猪日龄的增加而减慢,到8~9月龄时才接近成年猪的水平。

第三,消化器官发育的晚熟,导致消化腺分泌及消化功能不完善。出生仔猪胃内仅有凝乳酶,而唾液酶和胃蛋白酶很少,为成年猪的1/4~1/3。同时胃底腺不发达,不能分泌盐酸,胃蛋白酶就没有活性,不能消化蛋白质。这时只有肠腺和胰腺的发育比较完全,胰蛋白酶、肠淀粉酶和乳糖酶活性较高,所以出生仔猪只能吃奶,而不能食用植物性饲料。食物主要在小肠内消化。

在胃液的分泌上,由于仔猪胃和神经系统之间的联系还没有完全建立,缺乏条件反射性的胃液分泌。随着仔猪日龄的增长和食物对胃壁的刺激,盐酸的分泌不断增加,到35~40日龄时,胃蛋白酶才表现出消化能力,仔猪才可以食用除乳汁以外的多种饲料,并进入"旺食"阶段。直到2.5~3月龄,胃中盐酸的浓度才接近成年猪的水平。

第四,食物进入胃内排空的速度,15日龄约为1.5小时,30日龄为3~5小时,60日龄为16~19小时,成年为30小时。

第五,在正常情况下,成年猪消化道内,特别是大肠内含有大量的微生物,且微生物的种类和比例较固定。仔猪出生时,消化道内是无菌的,数小时后,随着吃奶的过程,在消化道内出现了微生物,且随仔猪的生长逐渐增加,直到形成正常的微生物区系。正常肠道微生物能抑制其他致病微生物的生长繁殖,同时通过刺激机体的免疫功能而减少肠道疾病的发生。哺乳仔猪由于没有形成正常的微生物区系,故易发生消化道疾病。猪对饲料中的粗纤维的消化,几乎完全靠大肠内纤维素分解菌的作用。

(二)哺乳仔猪的营养需求

仔猪在哺乳阶段生长发育迅速,新陈代谢旺盛,对营养物质的需求量较高,尤其是对蛋白质、能量、矿物质元素的需求。因此,要配制哺乳期仔猪的日粮配方,需要充分了解仔猪在此阶段营养上的特点,为配制高品质的代乳饲料提供理论基础。哺乳期仔猪营养需求的特点:①哺乳期仔猪对饲料养分消化能力差,需要供给易于消化吸收的蛋白质原料;②仔猪生长速度快,日粮中要求能量浓度高;③仔猪机体新陈代谢旺盛,矿物质元素需求量高;④仔猪免疫力需要提高,维生素的供应必须充足甚至有裕量。

哺乳期仔猪消化道功能主要适合于母乳的消化吸收,消化器官正处在迅速发育的时期,消化道的容量、消化酶的活性、对补充饲料的消化能力均有限。因此,选择营养密度高、适口性好、易消化的饲料原料,是保障仔猪顺利认识饲料、实现断奶饲料和营养供应平稳过渡的关键。

1.能量饲料

能量饲料要求消化性、适口性好。玉米是最好的仔猪能量饲料,如果对玉米进行膨化处理,使其中的淀粉等大分子有机物质结构糊化变性,更适合哺乳期仔猪。小麦麸皮等加工副产品由于抗营养因子较多,用作哺乳期仔猪日粮会影响消化,导致消化道疾病。乳清粉、葡萄糖等不仅能够作为哺乳期仔猪能量供应,同时具有诱食作用,可提高仔猪采食量。另外,该阶段仔猪要求日粮能量浓度高,脂肪提供的能量比碳水化合物和蛋白质高2倍多。在哺乳期仔猪日粮中适量地添加脂肪,不仅便于饲料制粒、提高饲料的适口性,更重要的是有利于仔猪补充能量。同时,饲料中添加适量脂肪,有利于维生素A、维生素D、维生素E和维生素K等脂溶性维生素的消化、吸收和利用。

2.蛋白质饲料

仔猪体组织的增长主要是蛋白质的沉积,故对日粮蛋白质、氨基酸的浓度要求高。然而,由于仔猪消化系统发育不完全,新陈代谢强度也较高,蛋白质的质量和氨基酸的平衡就尤为重要。易消化、适口性好,氨基酸利用率高的蛋白质饲料是仔猪对蛋白质原料的要求,全脂大豆粉、豆粕、鱼粉、血浆蛋白粉等是首选的蛋白质饲料原料。同时,为了进一步提高养分利用率,改善适口性,采用加热等工艺破坏大豆及豆粕中的抗营养因子,是保障仔猪良好的消化功能及防治腹泻的有效措施。花生粕、棉籽粕、菜籽粕及其他加工副产品,由于氨基酸不平衡、适口性较差、所含有毒有害物质不确定,不宜作为仔猪的蛋白质饲料原料。

3.其他原料

仔猪哺乳阶段骨骼发育迅速,对钙、磷等矿物质需要量多,选择优质的矿物质饲料原料非常重要。同时要特别重视原料中有毒有害物质的含量,如磷酸氢钙中氟的含量、微量元素添加剂中重金属的含量等。人工合成的氨基酸添加剂也要考虑有效利用率。维生素添加剂要重视其生物学利用率,以保障仔猪微量营养物质的均衡供应。同时,为了弥补仔猪消化道功能的不足,酸化剂、酶制剂、微生态制剂等也是乳猪日粮中常用的添加剂,但使用时一定要注意方法、目的和用量。

六 断奶仔猪的营养需要

(一)断奶仔猪的生理特点

断奶仔猪是指断奶后在保育舍内饲养的仔猪,即从离开产房开始,到转出保育舍为止,一般指30~70日龄的仔猪。断奶仔猪有以下生理特点:

1.生长发育快

断奶仔猪的食欲特别旺盛,常表现出抢食和贪食现象,称为"猪的旺食时期"。若是饲养管理得当,仔猪生长迅速,日增重在500克以上。

2.对疾病易感性高

由于断奶时仔猪基本失去母源抗体的保护,而自身的主动免疫能力又未建立完善,对传染性胃肠炎、萎缩性鼻炎等疾病都十分易感。

3.抗寒能力差

断奶仔猪一旦离开了温暖的产房和母猪的怀抱,要有一个适应过程。若长期生活在18℃以下的环境中,不仅影响其生长发育,还能诱发多种疾病。

(二)断奶仔猪的营养需要

由于断奶仔猪(保育猪)的消化系统发育仍不完善,生理变化较快,对饲料的营养及原料组成十分敏感,故在选择饲料时应选用营养浓度、消化率都高的日粮,以适应消化道的变化,促进仔猪快速生长,防止消化不良。

仔猪的增重在很大程度上取决于能量的供给,仔猪日增重随能量摄入量的增加而提高,饲料转化效率也将得到明显的改善,同时仔猪对蛋白质的需要也与饲料中的能量水平有关。因此,能量仍应作为断奶仔猪饲料的优先级考虑,而不应该过分强调蛋白质的功能。

断奶仔猪(保育猪)在整个生长阶段生理变化较大,各个阶段生理特点不一样,营养需求也不一样,为了充分发挥各阶段的遗传潜能,应采用阶段日粮,最好分成三个阶段。第一阶段:断奶到8～9千克。第二阶段:8～9千克到15～16千克;第三阶段:15～16千克到25～26千克。第一阶段采用哺乳仔猪料;第二阶段采用仔猪料,日粮仍需高营养浓度、高适口性、高消化率,消化能在13.81～14.23兆焦/千克,粗蛋白在18%～19%,赖氨酸在1.20%以上;在原料选用上,可降低乳制品含量,增加豆粕等常规原料的用量,但仍要限制常规豆粕的大量使用,可以用去皮豆粕、膨化大豆等替代;第三阶段,此时仔猪消化系统已日趋完备,消化能力较强,日粮需要消化能在13.39～13.81兆焦/千克,粗蛋白质在17%～18%,赖氨酸在1.05%以上。

七 生长育肥猪的营养需要

(一)生长育肥猪的生理特点

科学地调制饲料可提高育肥猪的增重速度和饲料利用率,饲料调制原则是增强适口性,提高饲料转化效率。

根据育肥猪的生理特点和发育规律,按猪的体重将其生长过程划分为两个阶段,即生长期和育肥期。

体重20～60千克为生长期,此阶段猪的机体各组织、器官的生长发育功能很不完善,尤其是刚刚达到20千克体重的猪,其消化系统的功能较弱,神经系统和机体对外界环境的抵抗力也正处于逐步完善阶段。这个阶段主要是骨骼和肌肉的生长,而脂肪的增长比较缓慢。

体重60千克至出栏为育肥期,此阶段猪的各器官、系统的功能都逐渐完善。尤其是消化系统有了很大发展,对各种饲料的消化吸收能力都有很大提高；神经系统和机体对外界的抵抗力也逐步增强，逐渐能够快速适应周围温度、湿度等环境因素的变化。此阶段猪的脂肪组织生长旺盛，肌肉和骨骼的生长较为缓慢。

（二）生长育肥猪的营养需要

生长育肥猪的经济效益主要是通过生长速度、饲料利用率和瘦肉率来体现的，故要根据生长育肥猪的营养需要配制合理的日粮，以最大限度地提高瘦肉率和料肉比。

猪日采食能量越多，日增重越快，饲料利用率越高，沉积的脂肪也就越多。但此时瘦肉率降低，胴体品质变差。饲料品质不仅影响猪的增重和饲料利用率，而且影响胴体品质。猪是单胃杂食动物，饲料中的不饱和脂肪酸直接沉积于体脂，使猪体脂变软，不利于长期保存。因此，在肉猪出栏上市前2个月应该用含不饱和脂肪酸少的饲料，防止产生软脂。蛋白质的需要更为复杂，为了获得最佳的育肥效果，不仅要满足蛋白质量的需求，还要考虑必需氨基酸之间的平衡和利用率。能量高使胴体品质降低，而适宜的蛋白质能够改善猪胴体品质，这就要求日粮具有适宜的能量蛋白比。猪是单胃杂食动物，对饲料粗纤维的利用率很有限。有研究表明，在一定条件下，随饲料粗纤维水平的提高，能量摄入量减少，增重速度和饲料利用率降低。因此，猪日粮中的粗纤维含量不宜过高，肥育期应低于8%。矿物质和维生素是猪正常生长和发育不可缺少的营养物质，长期过量或不足，将导致代谢紊乱，轻则增重减慢，严重的发生缺乏症或死亡。生长期为满足肌肉和骨骼的快速增长，要求能量、蛋白质、钙和磷的水平较高，日粮含消化能12.97～13.97兆焦/千克，粗蛋白16%～18%，适宜的能量蛋白比为188.28～217.57克粗蛋白/兆焦DE，钙0.5%～0.6%，磷0.41%～0.5%，赖氨酸0.63%～0.75%，蛋氨酸＋胱氨酸在0.37%～0.42%。肥育期要控制能量，减少脂肪沉积，饲粮含消化能12.30～12.97兆焦/千克，粗蛋白13%～15%，适宜的能量蛋白比为188.28克粗蛋白/兆焦DE，钙0.46%～0.50%，磷0.37%～0.40%，赖氨酸0.63%，蛋氨酸＋胱氨酸0.32%。其他维生素和微量元素也要保证。

此外，生长育肥猪生长速度随饲料粒度的改变而改变，降低饲料粉碎粒度可促进育肥猪生长，生长速度可提高1%～12%，饲料利用率提高5%～12%。因此，适当粉碎是提高生长育肥猪生长性能的有效途径。

第三节　猪的日粮配方设计方法

一　配合饲料

配合饲料是根据猪的饲养标准(营养需要),将多种饲料(包括添加剂)按一定比例和规定的加工工艺配制成的均匀一致、营养价值完全的饲料产品。配合饲料按照营养构成、饲料形态、饲喂对象等分成很多种类。

(一)按营养成分和用途分类

按营养成分和用途可将配合饲料分成添加剂预混料、浓缩饲料和全价配合饲料。

(二)按饲料物理形态分类

根据制成的最终产品的物理形态分成粉料、湿拌料、颗粒料、膨化料等。

(三)按饲喂对象分类

按饲喂对象可将饲料分成乳猪料、断乳仔猪料、生长猪料、育肥猪料、妊娠母猪料、哺乳母猪料、种公猪料等。

二　饲粮配制

单一饲料不能满足猪的营养需要,生产上应按照猪常用饲料成分及营养价值表,选用几种当地生产较多和价格便宜的饲料原料制成混合饲料,使其中的各养分含量符合所选定的饲养标准。将这个过程和步骤称为饲粮配制。

(一)饲养标准

饲养标准是指猪在一定生理生产阶段,为达到某一生产水平和效率,每头每天供给的各种营养物质的种类和数量,或每千克饲粮各种营养物质含量或百分比,并附有相应饲料成分及营养价值表。饲养标准的用途主要是作为配制饲粮、检查饲粮及检验饲料厂产品的依据,它对于合理有效利用各种饲料资源,提高配合饲料质量,提高养猪生产水平和饲料利用效率,促进整个饲料行业和养殖业的快速发展具有重要作用。

尽管饲养标准中所列营养素有40多个，但在计算配方时不必逐一计算，一般只计算消化能、粗蛋白、赖氨酸、蛋氨酸、苏氨酸、色氨酸、钙和磷的水平即可。食盐直接添加，微量元素和维生素应配制成预混料后按一定比例添加。

(二)饲粮配制

1.饲粮配制的原则

选择饲养标准应根据生产实际情况，并按照猪可能达到的生产水平、健康状况、饲养管理水平、气候变化等适当调整；因地制宜、因时制宜，尽量利用本地区现有饲料资源；注意饲料的适口性，避免选用发霉、变质或有毒的饲料原料；注意考虑猪的消化生理特点，选用适宜的饲料原料，并力求多样搭配；还要注意经济性，尽量选用质优价廉的饲料原料。

2.猪常用饲料原料的准备

猪常用能量饲料一般是玉米和麸皮，玉米用量为5%～70%，小麦、高粱等可代替部分玉米，麸皮用量为0%～25%。饲粮中的蛋白质饲料主要是豆粕，其他杂粕可代替部分豆粕，但种猪最好不用棉籽粕和菜籽粕，仔猪可使用部分动物性蛋白质原料，如鱼粉等。氨基酸不足时，可添加人工合成氨基酸，如赖氨酸、蛋氨酸等。矿物质饲料中含钙饲料主要是骨粉，用量为0.5%～2.0%；含磷饲料主要是磷酸氢钙，用量为0.5%～2.5%。食盐用量为0.25%～0.50%。

3.原料的质量控制和主要成分测定

配合饲料品质的好坏与原料品质关系很大，所以营养成分参数值最好来自科研部门发布的饲料成分表，对于蛋白质饲料的粗蛋白及矿物质饲料中的钙、磷应以实测值为准，还应注意饲料原料的含水量、发霉变质等情况。

4.饲粮配制的方法

饲粮配制方法有很多，常用的主要有试差法和对角线法。试差法就是根据猪的不同生理阶段的营养要求或已选好的饲养标准，初步选定原料，根据经验粗略配制一个配方(大致比例)，然后根据饲料成分及营养价值表计算配方中饲料的能量和蛋白质，将计算的能量和蛋白质分别加起来(每个原料的同一养分总和)，与饲养标准相比较，看是否符合或接近。如果某养分比规定的要求过高或过低，则需对配方进行调整，直至

与标准相符。然后,按同样步骤再满足钙和磷,用人工合成氨基酸平衡氨基酸需要,再添加食盐和预混料。手工计算速度慢,现在已有许多配方软件,多采用线性规划或多目标规划,可迅速获得最优解。

▶ 第四节 无公害猪饲料的生产

无公害饲料是指采用符合国家无公害饲料原料标准的原料和国家批准使用的饲料添加剂,严格按国家规定使用药物类添加剂,经科学配制、加工而成的饲料。无公害饲料生产围绕解决畜产品药物残留危害和减轻畜禽粪便对环境污染等问题,从了解饲料中有毒有害物质的主要来源、从源头上控制有毒有害物质入侵、进行科学的配方设计、重视饲料加工过程无公害化、严格规范使用饲料添加剂等五个方面,进行严格的质量控制和实施动物营养系统调控,以改变、控制可能发生的畜产品残留危害和环境污染。

猪饲料的调质与加工一般包括科学的饲料配方、合理的加工工艺、优质的饲料原料三个基本要素。要生产无公害的猪饲料,则应该在此基础上,重点关注以下五个方面的问题。

一 了解饲料中有毒有害物质的主要来源

饲料中的有毒有害物质主要来自三个方面:饲料原料,如谷物类原料中重金属含量超标,青绿饲料农药残留超标;加工过程,加工过程不规范,如计量器具不准、混合不均匀等;饲料添加剂,如非法使用违禁药物和抗生素、过量使用微量元素等。因此,生产过程中对这些来源必须采取有效防范措施。

二 从源头上控制有毒有害物质入侵

饲料原料中有毒有害物质大多是在饲料作物的生长过程中和收获后贮存过程中形成的。因此,饲料的无公害管理必须从源头抓起,要做好以下四个方面。

(一)饲料作物应种植在无污染环境中

饲料作物特别是青绿多汁饲料,应对种植的生态环境进行考察与检测,必须选择大气污染、水质污染、土壤污染等较轻的地区,远离城市、郊区及工业区。

（二）合理使用化肥

要根据土壤气候、作物的吸收合理使用化肥,使饲料作物生长更好、营养价值更高。

（三）规范使用农药

农药残留是饲料污染的重要污染源。为防止农药残留的危害,饲料基地必须从源头做起,有效地控制农药的使用,及时监测饲料原料的农药污染程度。

（四）适时收获,妥善贮存

不同用途的饲料作物收获期不同,贮存方法也不同。如玉米、大麦等取籽实应用的作物要在籽实完全成熟后才能收获。收后应将籽实及时晒干,防止霉变。青草收割时间对青干草营养价值影响较大,禾本科植物一般在抽穗期收割,豆科植物一般在开花初期收割。选择大晴天,收后快速晒干,防止霉变。青绿多汁饲料最好当天收割、当天饲喂,不宜堆积存放,谨防青草发热变质、腐败等。

三 科学的配方设计

无公害饲料应具备无臭味、消化吸收性能好、动物增重快,以及排泄物中的磷、砷、铜少等条件。因此,在进行配方设计时,应考虑如下因素:合理利用消化率低和纤维含量高的原料;基于最新动物营养研究成果的动物营养需求参数,按有效养分的需要量进行配方设计,以减少粪便中有机物的排出量;选择必要的同类或异类替代物,剔除一些不安全因素,科学合理地使用饲料添加剂,达到绿色无公害的目的。如用益生素低聚寡糖类的协同作用替代抗生素等;不使用会对环境造成污染的非药物添加剂,如砷制剂、铬制剂等;不滥用可能对环境造成污染的矿物质添加剂,如采用高铜、高锌方案等。

四 重视饲料加工过程无公害化

饲料加工厂的设计与设施卫生、工厂卫生等管理和生产工艺的要求应符合饲料企业卫生规范GB/T 16674的要求。

（一）重视生产环境设施、设备

饲料加工要远离动物饲养场,生产厂区布局合理,原料、加工成品分开,防止交叉污染。生产设备能满足产品的安全卫生和定量标准要求,

具备相关清洗消毒、烘干粉碎等设施,要设立质检机构。

(二)把好加工原料关

加工前必须对饲料原料进行严格认真检查。饲料原料的检查除感官检查和常规检查外,还应测定内部的农药及铅、汞、铬等有毒有害元素和工业"三废"的残留量。

(三)注意配料混合工艺

配料是整个生产过程中的重要环节。药物、微量元素等添加过量都会导致污染,故要求配料时必须检查核对配方无误后方可生产。饲料加工应符合加工工艺要求。配料中的微量元素和极微量元素要在配料室进行预稀释,用生产总量的5%稀释微量元素。混合工序中投料应按先大量、后小量的原则进行。有药物添加剂时应先生产无药物添加剂的饲料、再生产有药物添加剂的饲料。生产后对设备进行清理,防止交叉污染。

(四)认真检查产品质量

这是保证产品质量和安全性的重要环节。产品饲料必须在感官粒度上色泽一致、混合均匀、无异味。要检查粗蛋白、钙和总磷含量。饲料包装应符合GB/T 16764的要求,标签应符合GB/T 10648的规定,运输工具要符合GB/T 16764的要求,运输作业要防止污染,运输工具、装卸场所要定期清洗和消毒,严防在运输过程中受到污染。贮存要按规范、品种、生产日期分区堆放,并保持通风干燥,以保障饲料不发生霉变。

五 严格规范使用饲料添加剂

滥用添加剂,特别是药物添加剂是导致动物食品中有毒有害物质残留的重要原因,也是不合格饲料产生的一个重要因素。因此,必须规范使用饲料添加剂。

各种添加剂必须是正规厂家生产的产品。正宗优质产品的外包装坚固耐压,防潮,封签、封条无严重破损,外包装必须印有品名、数量、体积、重量、批号、有效期、批准文号、注册商标、厂名、厂址、贮运图示标志等,外包装内附有产品合格证。内包装应根据不同品类质量标准规定进行检查,要求清洁、无毒、干燥,封口应严密、无渗漏、无破损。遇光易变质的添加剂应采取遮光容器或避光包装措施。国内产品未用中文标明规格、等级、主要技术指标和成分含量、使用说明等,或未标明生产日期

(批号)、有效期、批准文号,无厂名和厂址,都可怀疑是假冒或伪劣产品。对进口饲料添加剂进行感官鉴定时,除进行原料外观鉴别和包装检查外,还要注意进货渠道,最好是直接从国外厂家或驻国外的分支机构进货并应持有产品进口登记证。

在感官上应无发霉结块及异味、异臭等情况,可采用感官鉴定、物理检测、化学分析等基本方法进行快速识别和检测。

1.使用农业部规定允许使用的添加剂品种

超范围、超剂量使用添加剂等现象必须严格禁止。微量元素的应用应慎重和规范。严禁使用违禁药物并控制添加剂的使用量。对于新研制的产品应在确认产品已取得农业部颁发的新饲料添加剂证书和省级饲料管理部门核发的批准文号后,方可使用。

2.不用违禁药物

我国规定动物饲料和饮水中禁用的药物品种共五大类40种,违禁药物的使用会造成畜产品药物残留,影响人体健康(表3-2)。

表3-2　动物饲料和饮水中禁用的药物品种(农业部2292号公告)

种类	药物
肾上腺素受体激动剂	盐酸克仑特罗、沙丁胺醇、硫酸沙丁胺醇、莱克多巴胺、盐酸多巴胺、西巴特罗、硫酸特布他林
性激素	己烯雌酚、雌二醇、戊酸雌二醇、苯甲酸雌二醇、氯烯雌醚、炔诺醇、炔诺醚、醋酸氯地黄体酮、左炔诺黄体酮、炔诺酮、人绒毛膜促性腺激素、促卵泡生长激素
蛋白同化激素	碘化酪蛋白、苯丙酸诺龙及苯丙酸诺龙注射液
精神药品	(盐酸)氯丙嗪、盐酸异丙嗪、安定(地西泮)、苯巴比妥、苯巴比妥钠、巴比妥、异戊巴比妥、异戊巴比妥钠、利舍平、艾司唑仑、甲丙氨酯、咪达唑仑、硝西泮、奥沙西泮、匹莫林、三唑仑、唑吡旦、其他国家管制的精神药品
各种抗生素滤渣	洛美沙星、培氟沙星、氧氟沙星、诺氟沙星四种原料药的各种盐、酯及其各种制剂

参考文献

[1] 杨凤.动物营养学[M].北京:中国农业出版社,2004.

[2] 杨公社.面向21世纪课程教材猪生产学动物科学专业用[M].北京:中国农业出版社,2002.

［3］刘昌林.猪饲料的加工与调制［J］.中国畜牧兽医文摘,2015(5):219.

［4］何道领.猪饲料加工调制技术［J］.植物医生,2016(9):36-37.

［5］彭健,陈喜斌.饲料学［J］.2008.

［6］王春华.饲料加工工艺与设备研究进展［J］.中国饲料添加剂,2019(10):22-24.

［7］郑玉琳.无公害饲料生产［J］.江西饲料,2014(1):8-9.

［8］于炎湖.绿色无公害饲料生产的有关问题［J］.粮食与饲料工业,2003(12):9-10.

第四章

无公害牛、羊饲料的配制与加工

▶ **第一节　牛、羊消化生理特点**

一　牛、羊消化系统的器官组成

　　牛、羊等反刍动物具有复胃结构,复胃分四个胃室,即瘤胃、网胃、瓣胃和皱胃。前三个胃的黏膜无腺体,统称为前胃;皱胃壁黏膜有腺体,其功能与单胃动物的胃相似,称为真胃。在四个胃中,瘤胃的体积最大,其功能是容纳临时贮存采食的饲料,以便牛、羊休息时再进行反刍;瘤胃也是瘤胃微生物存在的场所。

　　小肠是牛、羊消化和吸收营养物质的主要器官。胃内容物进入小肠后,在各种消化液(主要有胰液、肠液、胆汁等)的化学作用下被消化分解,其分解后的营养物质在小肠内被吸收,未被消化的食物随着小肠的蠕动被推入大肠。大肠内也有微生物的存在,可对食物进一步消化、吸收,但大肠的主要功能是吸收水分和形成粪便。牛、羊消化道结构图见图4-1。

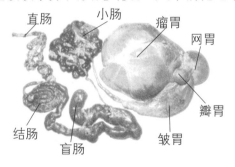

图4-1　反刍动物胃肠道构成

资料来源:James B. Russell,Jennifer L. Rychlik. Factors that alter rumen microbial ecology [J]. Science,2001,292(5519):1119-1122.

二 牛、羊消化生理特点

(一)具有反刍行为

反刍是指牛、羊在饲料消化前把食团经瘤胃逆呕到口中,再咀嚼和再咽下的活动,包括逆呕、再咀嚼、再混合唾液和再吞咽4个过程。反刍可对饲料进一步磨碎,同时使瘤胃保持一个极端厌氧、恒温(39~40℃)、pH恒定(5.5~7.5)的环境,有利于瘤胃微生物生存、繁殖和进行消化活动。反刍是牛、羊的重要消化生理现象,停止反刍是疾病的征兆。给哺乳期犊牛和羔羊早期补饲易消化的植物性饲料,可促进前胃的发育和提前出现反刍行为。牛、羊反刍多发生在采食后,反刍时间的长短与采食饲料的质量密切相关,饲料中粗纤维含量愈高,反刍时间愈长。

(二)瘤胃微生物的作用

反刍动物的瘤胃约占全胃的80%,除反刍、食管沟反射和瘤胃运动外,还具有微生物区系独特的生理作用。饲料中70%~85%可消化的干物质和约50%的粗纤维在瘤胃中经微生物降解为挥发性脂肪酸、肽类、氨基酸、氨及二氧化碳等成分;同时这些微生物可以利用氮源、碳源等发酵产物合成蛋白质、B族维生素及维生素K等营养物质。瘤胃微生物与牛、羊是一种共生关系。由于瘤胃环境适合微生物的栖息和繁殖,瘤胃中存在大量微生物,主要是细菌和纤毛虫,还有少量的真菌,每毫升瘤胃内容物中含有10^{10}~10^{11}个细菌和10^5~10^6个纤毛虫,瘤胃微生物对牛、羊的消化和吸收营养具有重要意义。瘤胃是消化饲料中碳水化合物,尤其是粗纤维的重要器官,其中瘤胃微生物起主要作用。

反刍动物与其他动物相比,对于饲料的消化方式不同。其他动物消化碳水化合物、蛋白质及脂肪大多都是通过胃部的消化液进行的,将其分解为较为简单的分子之后,才可以进行进一步的消化吸收。而对于反刍动物来说,其自身具有特殊的消化系统,所有摄入的营养物质都需要先通过瘤胃中的微生物进行发酵,在这个过程中会产生一些有机酸等物质,然后再经瘤胃吸收作为动物代谢的能源。因此,如何满足瘤胃微生物所需的营养物质才是最重要的。只有最大程度上满足了瘤胃微生物的营养物质需求,才可以更大程度地促进反刍动物对于其他营养物质的吸收,提高反刍动物的营养有效利用率及饲料利用率,维持反刍动物正常的生产代谢水平,提高饲料及营养物质的转化程度。

三 牛、羊对营养物质的消化利用特点

反刍动物之所以区别于单胃动物,就在于在其消化道内存在一个可供多种微生物生存的瘤网胃,所以在营养物质消化利用方面与单胃动物有着很大的区别。

(一)对碳水化合物的消化利用

牛、羊对饲料中碳水化合物的消化主要在瘤胃中进行。在瘤胃的机械作用和微生物的综合作用下,碳水化合物(包括结构性碳水化合物和非结构性碳水化合物)被发酵分解,分解的最终产物是挥发性脂肪酸(VFA),主要包括乙酸、丙酸、丁酸、戊酸、异戊酸等短链脂肪酸,同时释放能量。部分能量以三磷酸腺苷(ATP)的形式供微生物活动,大部分挥发性脂肪酸被瘤胃壁吸收,部分丙酸在瘤胃胃壁细胞中转化为葡萄糖连同其他脂肪酸一起进入血液循环,它们是反刍动物能量的主要来源。

淀粉和中性洗涤纤维(NDF)是瘤胃内产生 VFA 的主要底物。饲粮中的淀粉主要来自玉米,有时也包括高粱、小麦、燕麦和大麦等,反刍动物由于瘤胃的发酵作用,使得淀粉在其体内的消化和利用同单胃动物有着根本性差别。淀粉进入瘤胃后,首先被瘤胃微生物分解为 VFA,只有少量的未被分解的淀粉进入小肠,后在小肠酶的作用下水解为葡萄糖。瘤胃内保持一定比例的淀粉发酵有利于能氮平衡,能够获得最大的微生物产量,增加进入小肠的过瘤胃淀粉的比例能够提高淀粉的利用效率,增加能氮沉积。

纤维作为碳水化合物的一种,是反刍动物的一种必需营养素,对反刍动物能量代谢、维持瘤胃的正常功能和动物的健康等方面具有重要意义,其发酵所产生的 VFA 能为反刍动物提供70%～80%的能量需要。淀粉在瘤胃内发酵比 NDF 更快、更剧烈。若饲粮中纤维水平过低,淀粉迅速发酵产酸,降低瘤胃 pH,会抑制纤维分解菌活性,严重时可导致酸中毒。此外,纤维可刺激咀嚼和反刍行为,促进动物唾液分泌,间接提高了瘤胃的缓冲能力。适宜的饲粮纤维水平可消除由于大量进食精料所引起的采食量下降,可防止酸中毒、瘤胃黏膜溃疡和蹄病的发生,进而维持动物较高的乳脂率和产乳量。

(二)对蛋白质的消化利用

进入瘤胃的饲料蛋白质,经微生物的作用降解成肽和氨基酸,其中多数氨基酸又进一步降解为有机酸、氨和二氧化碳。瘤胃液中的各种支

链酸,大多由支链氨基酸衍生而来,如缬氨酸转变为异丁酸和氨。微生物降解所产生的氨与一些简单的肽类和游离氨基酸,又被用于合成微生物蛋白质。瘤胃液中的氨是蛋白质在微生物降解和合成过程中的重要中间产物。

饲粮蛋白质不足或蛋白质难以降解时,瘤胃内氨浓度很低,瘤胃微生物生长缓慢,碳水化合物的分解利用也受阻。反之,如果蛋白质降解比合成速度快,氨就会在瘤胃内积聚并超过微生物所能利用的最大氨浓度。此时,多余的氨会被瘤胃壁吸收,经血液输送到肝脏,并在肝中转变成尿素。虽然所生成的尿素一部分可经唾液和血液返回瘤胃,但大部分却随尿排出而浪费掉。这种氨和尿素的生成和不断循环称为瘤胃中的氮素循环。饲料供给的蛋白质少,瘤胃液中氨的浓度就低,经血液和唾液以尿素形式返回瘤胃的氮的数量可能超过以氨的形式从瘤胃吸收的氮量,这种进入瘤胃的"再循环氮"转变为微生物蛋白质,就意味着转移到后段胃肠道的蛋白质数量可能比饲料蛋白质多。

瘤胃微生物对反刍动物蛋白质的供给具有一种"调节"作用,能使劣质蛋白质品质改善,优质蛋白质生物学价值降低。因此,通过给反刍动物饲粮中添加尿素以提高瘤胃菌体蛋白质合成量,已成为一项实用措施;对优质饲料蛋白质进行适当的处理(包被等),以降低其溶解度,使其在瘤胃中的降解率降低,也是必要的办法。在氮源和可发酵有机物比例适当、数量充足的情况下,瘤胃微生物能合成宿主所需的必需氨基酸和蛋白质。瘤胃微生物蛋白质的品质一般略次于优质的动物蛋白质,与豆粕和苜蓿中的蛋白质质量大约相当,优于大多数谷物蛋白质。

(三)对脂肪的消化利用

瘤胃脂类的消化实质上是微生物的消化,其结果是脂类的质和量发生明显变化。大部分不饱和脂肪酸经微生物作用变成饱和脂肪酸,而必需脂肪酸减少。瘤胃是一个高度还原的环境,生物氢化是瘤胃脂肪消化的一个重要过程。饲粮中90%以上的含多个双键的不饱和脂肪酸被氢化,氢化作用必须在脂类水解释放出不饱和脂肪酸的基础上才能发生。氢化反应受细菌产生的酶催化影响,瘤胃发酵产生的氢大约14%用于微生物体内合成,特别是微生物脂肪合成与不饱和脂类氢化,部分氢化的不饱和脂肪酸发生异构变化。

脂类中的甘油被大量转化为挥发性脂肪酸。小肠胰脂酶主要将甘油三酯水解为游离脂肪酸和甘油一酯,瘤胃微生物酶则主要将甘油三酯水解为游离脂肪酸和甘油,后者被转化为挥发性脂肪酸。半乳糖甘油酯先被水解为半乳糖、脂肪酸和甘油,后者再转化为挥发性脂肪酸。瘤胃微生物可利用丙酸、戊酸等合成奇数碳原子链脂肪酸,也可利用异丁酸、异戊酸及支链氨基酸(如缬氨酸、亮氨酸和异亮氨酸)等的碳骨架合成支链脂肪酸。脂类经过瓣胃和网胃时,基本上不发生变化;在皱胃里,饲料脂肪、微生物与胃分泌物混合,脂类逐渐被消化,微生物细胞也被分解。

▶ 第二节　牛、羊的营养需要

　　牛、羊在生长发育或生产的过程中都需要大量的营养物质,这些营养物质主要包括能量、蛋白质、纤维、矿物质、维生素和水等。因此,要充分了解牛、羊的营养需要特点,以保证牛、羊能合理、全面地摄取营养物质。

一 干物质需要

　　干物质采食量是动物营养需要量模型的重要组成部分,指动物在一定时间内自由采食饲料的干物质量。牛、羊的采食行为是一个动态的、复杂的并受外界环境和内在因素相互影响、相互作用的过程,而干物质采食量受牛、羊自身因素、饲草料品质、日粮配方、环境条件及健康水平等多种因素的影响。准确地测定和计算牛、羊的采食量,是提高采食量、制订优良日粮配方的基础,也是确定饲喂量的重要依据。

　　干物质采食量不足,将影响牛、羊的生长及生产性能的发挥,进而影响养殖经济效益。因此,在配制牛、羊日粮时,要考虑其品种、生长发育阶段、饲料原料的营养价值和适口性等因素,科学合理地协调干物质采食量与营养浓度的关系,精准控制其对干物质的采食量。夏季南方地区牛、羊热应激严重,降低了牛、羊采食量和生产性能,做好夏季牛、羊饲养和管理是提高干物质采食量的重要环节。

二 能量需要

　　能量是牛、羊维持生命活动及生长、繁殖等所必需的,能量主要来自饲料中的碳水化合物、脂肪和蛋白质,但主要是碳水化合物,其在牛瘤胃中被微生物分解为VFA、二氧化碳、甲烷等,其中VFA被瘤胃壁吸收,成

为能量的主要来源,是反刍动物能量代谢的最显著特征。饲料中的许多营养物质都可以为牛、羊提供生命活动和产品形成所需的能量,但各类营养物质又有各自不同的代谢途径,并发挥不同的供能作用及其他营养作用。

动物所需能量用于维持生命、组织器官的生长及机体脂肪和蛋白质的沉积。能量需要量主要通过生长试验、平衡试验及屠宰试验,按综合法或析因法的原理确定。消化能是饲料可消化养分真正被机体利用吸收的能量,即动物摄入饲料的总能与粪能之差。测定消化能比较简单,也用作衡量反刍动物的营养需要量或者饲料能值的评定,但是消化能没有考虑气体能量和动物的热增耗。相对于消化能,代谢能是更为科学合理的指标,能较准确地反映饲料中能量可被牛、羊有效利用的程度,目前被广泛用作肉牛、肉羊的能量指标。牛、羊对能量的需求不仅受体重、年龄、生产性能、生理阶段、环境、活动程度等因素影响,也受日粮中能量与蛋白质的比例的影响而实时变化。

（三）蛋白质需要

蛋白质具有重要的营养作用,是构成牛、羊机体细胞、组织、器官等的基本原料。饲养标准中蛋白质需要量一般用粗蛋白质或可消化粗蛋白质表示。当前,牛、羊蛋白质新评定体系趋向数量化、模型化发展,粗蛋白或可消化蛋白体系逐渐被以小肠吸收蛋白为基础的蛋白质新评定体系代替。

牛、羊对蛋白质需求量受生理阶段、年龄、健康状况、体重、繁殖等因素影响,犊牛、羔羊生长发育较快,对蛋白质需求量多,但随着年龄的增长,生长速度降低,其对蛋白的需求量逐渐下降。妊娠期、哺乳期及育肥阶段的牛、羊对蛋白质需求量较高。瘤胃中微生物合成必需氨基酸的数量有限,若牛、羊日粮中蛋白质不足,不仅影响瘤胃功能,还会导致生长、生产、繁殖性能等下降;若饲喂蛋白质过量,则造成蛋白质浪费,且过量的非蛋白氮和高水平的可溶性蛋白可导致氨中毒。因此,科学合理地给牛、羊供给蛋白质,对于提高其饲料利用率和生长、生产性能等是非常重要的。

（四）纤维需要

反刍动物在进化过程中形成了独特的消化结构,其瘤胃内栖息着大量微生物,能够消化富含纤维素和半纤维素的植物性饲料。饲粮中的纤维素在反刍动物生产活动中发挥多种生理功能,包括维持瘤胃功能、维持乳脂率及保证动物健康等。饲粮中含有一定长度(>1.18毫米)的纤维可有效刺激动物的反刍活动、唾液分泌、瘤胃蠕动及维持瘤胃内容物的两相分层,这些功能可有效稳定瘤胃内环境并降低亚急性瘤胃酸中毒的风险。因此,保证饲粮中足够的有效纤维是维持动物健康及高产的重要营养因素。

不同种类的反刍动物的有效纤维需要是否一致尚不清楚,但有证据表明,相比于奶牛和肉牛,小反刍动物更适应高精料饲粮,可耐受较低的瘤胃pH,这可能与小反刍动物在进化过程中独特的生态位和形态生理结构有关。幼龄反刍动物开食料NDF的水平和来源能够对生产性能、瘤胃发酵和瘤胃发育产生不同影响。对于犊牛、羔羊等幼龄反刍动物,适当长度的粗饲料有利于促进瘤胃发育,提高生产性能。

(五) 矿物质需要

矿物质元素是牛、羊生命活动、生产过程中起重要作用的一大类无机营养素,是机体组织、细胞、骨骼、体液等重要组成成分。矿物质元素缺乏或过量都会影响牛、羊健康,不利于其生长、生产及繁殖,甚至会导致死亡。根据矿物质元素在动物体内含量的不同,分为常量元素(动物体内含量在0.01%以上的元素)和微量元素(动物体内含量在0.01%以下的元素)。牛、羊必需的矿物元素主要包括钙、磷、钠、氯、镁、钾和硫等常量元素,以及铁、碘、钼、铜、锌、钴、锰和硒等微量元素。

(六) 维生素需要

维生素属于低分子有机化合物,是动物体内启动、调节物质代谢的必需参与者,是维持动物健康生长所必需的,作为饲料原料中天然存在的维生素的补充,包括脂溶性维生素和水溶性维生素。反刍动物体内产生的B族维生素已经可以满足其自身的需要,所以对于反刍动物的维生素补充主要是集中在脂溶性维生素。在牛、羊生产中,一般较重视维生素A、维生素D和维生素E的补充。在犊牛、羔羊阶段,由于瘤胃微生物区系尚未建立,无法合成B族维生素和维生素K,所以也需由日粮提供。

七 水需要

　　水是家畜有机体一切细胞和组织的必需成分,也是生化反应的主要媒介,其含量一般占体重的50%~70%,血液中在80%以上。水也是牛和羊器官、组织的主要组成部分,约占体重的1/2,主要功能是参与机体内营养物质的运输、消化、吸收、代谢等生理过程,维持细胞形态和机能、调节体温、改善机体免疫力等。如果畜体内失10%的水分,可导致机体立即出现严重的干渴感觉和食欲丧失,消化作用减慢,代谢紊乱;失水20%,则会引起死亡。水分摄取主要有三种形式:一是通过日常的饮水,二是摄取饲料中的水,三是代谢所产生的水。牛、羊对水分的需求不一样,而且处在不同生理阶段和不同环境中的羊对水分的摄取也不一样。饮水量随环境温度升高而增加,夏季饮水量比冬季高1~2倍;当日粮中蛋白质、食盐、矿物质元素等摄入量较多时,需水量增加,当牛、羊处在妊娠中后期及哺乳期时需水量也明显增加。

▶ 第三节 牛、羊的日粮配方设计方法

一 牛、羊日粮配方设计的原则

　　动物为能而食,故为了满足牛、羊各阶段蛋白质、能量、脂肪、粗纤维、矿物质、维生素等营养物质的需要,在配制牛、羊饲料时一定要保证充足、全面、合理,需要遵循基本的原则。

(一)选择合适的饲养标准

　　根据营养需要标准制定不同阶段牛、羊的饲料配方。目前,世界上比较有影响力的反刍动物饲养标准有法国INRA、英国AFRC、美国NRC、日本、澳大利亚CSIRO和北欧四国等标准。我国制定了肉牛、肉羊、奶牛等反刍动物的饲养标准,其中肉羊饲养标准于2022年进行了更新和修订,这些标准确定了牛、羊等反刍动物的营养需要并对饲料营养价值进行了评价。

(二)选择适合的饲料原料,保证饲料原料的质量

　　常用的蛋白质类饲料包括豆粕、菜籽粕、棉粕、花生粕等;常用的能量饲料包括玉米、麸皮等;还有其他玉米青贮、优质青干草、秸秆、糠麸

类、矿物质预混料、维生素预混料等。要充分利用当地的饲料资源,减少饲料运输成本,对购买的每种饲料应进行常规营养成分分析,以便合理配制饲料。

(三)选择科学的饲料配方

饲料配方应根据牛、羊的品种、不同生长阶段、不同生产目的等情况对营养物质的需求进行科学配制,要根据原料的营养价值、饲养方式、季节的变化等进行调整。

(四)合理使用添加剂

在保证营养需要满足牛、羊需求的情况下,适当在饲料中添加一些益生菌、益生元、中草药制剂等,有助于增加牛、羊的食欲,提高自身免疫力,获得较快的生长发育速度和较好的生产性能。严禁添加国家不允许使用的物质。

二 牛、羊常用饲料种类

随着养殖业的快速发展,对牛、羊饲料配制技术的要求也日渐提高。由于不同的生理消化结构特点,反刍动物与单胃动物在采食、消化、代谢、利用营养物质方面有着较大的差别。粗饲料是牛、羊不可缺少的日粮成分,在维持反刍动物生理健康和良好生产性能等方面发挥着不可替代的作用。

(一)青贮饲料

饲料的青贮是在厌氧环境中进行的,通过使乳酸菌大量繁殖,将饲料中的淀粉和可溶性糖变为乳酸。当乳酸达到一定浓度后,便抑制腐败菌的生长,防止原料中的养分继续被微生物分解或消耗,而把原料中的养分保存下来。青贮饲料具有保持原料青绿时的鲜嫩汁液、扩大饲料资源、青贮过程可杀死饲料中的病菌和虫卵、破坏杂草种子的再生能力等优点。从目前的饲养情况来看,无论是规模化牛、羊养殖场,还是个体养殖者,青贮饲料都应是主导饲料,常年饲喂青贮饲料既经济又实惠。对青贮饲料的感官鉴别方法主要是看颜色,因原料与调制方法不同而有差异,青贮饲料的颜色越接近于原料颜色,青贮发酵得越好。

品质良好的青贮饲料,颜色呈黄绿色;中等青贮饲料呈黄褐色或褐绿色;劣等青贮饲料为褐色或黑色。有自然的酸香味,品质好的青贮饲料在青贮窖里压得非常紧实,拿到手里却是松散柔软,略带潮湿,质地柔软湿润,不黏手,茎、叶、花仍能辨认清楚,若结成一团、发黏、分不清原有

结构或过于干硬,均为劣质青贮饲料。

(二)秸秆饲料

我国农作物秸秆资源丰富,秸秆等粗饲料是牛、羊不可缺少的日粮成分,在维持牛、羊生理健康、生产性能和降低生产成本等方面发挥着不可替代的作用。牛、羊常用的秸秆饲料有稻草、玉米秸秆(图4-2)、麦秸(图4-3)、豆秸、花生秧等,可根据当地饲草料资源现状,选择适宜的秸秆饲料种类。

(三)干草

干草是指植物在不同生长阶段收割后干燥保存的饲草(图4-4),包括豆科干草与禾本科干草。通过晒干,使牧草水分降低至15%~20%,从而抑制酶和微生物的活性,其营养价值与植物的种类、收割时期、调制及贮存方法有关。优质干草含有丰富的粗蛋白质、胡萝卜素、维生素及无机盐。优质牧草才能加工调制成高品质的饲草料,故各地区应结合本地气候条件、地理位置和牛、羊养殖规模科学选择牧草品种,因地制宜建设牛、羊饲草料生产和加工基地,同时根据不同季节种植不同牧草品种,丰富牧草资源,保障牛、羊营养全面。

(四)精料补充料

用于牛、羊等反刍动物的精料补充料,主要由能量饲料、蛋白质饲料和添加剂预混料等组成。常用能量饲料原料有谷物类,包括玉米、小麦、高粱、燕麦、小麦麸、米糠及糠饼(粕)

图4-2　全株玉米秸秆青贮

图4-3　经粉碎、除尘后的小麦秸秆

图4-4　苜蓿干草(来源于网络)

等;常用蛋白质饲料主要有大豆饼(粕)、菜籽饼(粕)、向日葵饼(粕)、棉粕、花生饼(粕)、芝麻饼(粕)等。添加剂预混料包括食盐、石粉、磷酸氢钙、微量元素、维生素添加剂等。

精料补充料是反刍动物日粮组成的一部分,用以补充动物采食饲草不足的那一部分营养,亦即在牛、羊等草食动物所采食的青、粗饲草及青贮饲料外,给予适量添加,可全面满足饲喂对象的营养需要。在变更饲草种类时,应根据动物生产性能,及时调整精料补充料的配方及供给量。

(五)使用注意事项

牛、羊饲料的使用和配制,应树立安全意识,饲料添加剂类投入品应符合行业要求。牛、羊饲料中严禁使用各类抗生素,符合饲料原料使用的基本原则,即所有投入品必须符合《饲料原料目录》《饲料添加剂品种目录》等,禁止使用农业部公布的允许使用物质以外的任何物质。针对饲料及饲料原料,应严把水分关,规范饲料仓库的管理,加强牛、羊饲料霉菌毒素污染的监测和防控。科学的饲料配方、合理的加工工艺、优质的饲料原料是确保配合饲料品质的三个基本要素。同时,应加大非常规饲料资源的开发,开展饲料的营养价值评定,合理搭配饲料,通过改善饲料加工工艺,去除饲料抗营养因子,来提高饲料利用率。

三 牛、羊饲料配方设计

(一)牛、羊饲料配方设计的原则

通常按反刍动物的营养需要和饲料营养价值配制出能够满足反刍动物维持、增重、产奶等生理和生产活动所需要的日粮。配制反刍动物日粮或精料补充料的主要原则如下:

(1)根据反刍动物在不同饲养阶段和日增重、产奶量的营养需要量进行配制,但应注意品种的差别,如绵羊和山羊各有不同的生理特点。

(2)根据反刍动物的消化生理特点,合理地选择多种饲料原料进行搭配,并注意饲料的适口性;注重反刍动物对粗纤维的利用程度,及其所决定的营养价值的有效性,实现配方设计的整体优化。

(3)考虑配方的经济性,提高配合饲料设计的质量,降低成本。饲料原料种类越多,越能起到原料之间营养成分的互补,越利于营养平衡。

(4)饲料的原料必须是安全的,从外观看是干净的,没有变质、腐败等情况,从化验分析结果看是正常的,没有污染,无有毒物质。采食配合饲料的动物所生产出的动物产品,应是既营养又无毒、无残留。

(5)设计配方时,某些饲料添加剂(如氨基酸、微生态制剂等)的使用量、使用期限要符合法规要求,同时注意保持原有的微生物区系不受破坏。

(6)以市场为目标进行配方设计,熟悉市场情况,了解市场动态,确定市场定位,明确客户的特色要求,满足不同用户的需求。

(二)牛、羊饲料配方设计步骤

生产中饲料的配制多以配合饲料的形式来体现,也就是按照所饲养的对象(群体)来配制日粮。配制日粮的方法和步骤有多种。一般所用饲料种类越多,选用营养需要的指标越多,计算过程就越复杂。通常小规模养殖或农户因饲料原料不固定,可用试差法计算。试差法的计算步骤如下:

(1)确定配方的基础群体性质。根据群体(牛、羊)的平均体重、日增重或产奶水平作为日粮配方的基本依据。

(2)确定生产的营养需要。根据确定的(肉牛、奶牛、肉羊、奶羊)对象所在的饲养群体求出生产的实际营养需要。

(3)确定每天营养总需要量。维持需要加上生产需要等于总需要量。

(4)列出所选用饲料的各种营养成分和营养价值表。

(5)日粮试配。首先考虑粗饲料和青饲料的供给量,如奶牛每100.0千克体重饲喂2.0千克优质干草和3.0千克青饲料(4.0千克根茎类饲料,或1.0~2.0千克干草和3.0千克青贮饲料);不足的部分,再用精料补充料进行补充,精料补充料的配制多以能量和蛋白质的百分比含量为准,配制总量占实际份额的97%~98%。

(6)在第(4)步配制原料浓度不变的基础上,多次改变原料实际用量的百分比,以降低日粮成本至最低。

(7)在第(5)步的基础上,调整钙、磷、氯化钠、添加剂的实际含量,确保配制的日粮在100%范围内。

(三)牛、羊饲料配方技术要点

1.奶牛饲料配方技术要点

奶牛的生理阶段通常划分为犊牛期、育成期、妊娠期、泌乳期和干奶期。犊牛一般训练尽早采食优质干草和代乳饲料,刺激其瘤胃发育,完善消化系统的功能,犊牛期间在代乳品或开食料中添加脱脂奶粉、维生素、矿物质等,粗蛋白质含量应在20%以上。育成期和妊娠前期的饲养相对比较粗放,该阶段不需要太高的营养水平,也不需要较肥的体膘,可以合理供给优质干草和农副产品及适量的精料,但饲料种类不可单一,要注意矿物质饲料的供给。随着妊娠期的延长,胎儿在体内的生长占据了一定的腹腔,影响了瘤胃的容积,此时要增加精料的浓度和比例。产犊后奶牛的奶产量上升到高峰然后缓慢下降,该阶段应是奶牛饲养的重要时期,由于其消化系统的特点必须给奶牛供给优质的粗饲料,以保证其瘤胃功能的正常发挥,可提供全株玉米青贮、苜蓿干草、燕麦干草等优质粗饲料。

奶牛精料补充料常用的能量饲料是玉米、高粱等谷物类饲料,蛋白质饲料有豆粕、棉籽粕,限量使用的有花生粕、葵花籽粕、菜籽粕等杂粕。对于中低产奶牛,可以用这些常用的饲料满足其需要;对于高产奶牛,应考虑补充瘤胃蛋白质及赖氨酸、蛋氨酸等。奶牛的消化生理特点要求必须喂给粗饲料,精饲料在整个饲料中的比例可视产奶量而定,一般精、粗比在(30:70)~(70:30),粗饲料比例不得低于30%,否则,会出现消化系统疾病,并引起一系列功能性障碍。奶牛可以利用非蛋白氮,即通常所说的尿素、液态氨等,非蛋白氮仅多用于后备和低产奶牛,高产奶牛不用或少用。针对高产奶牛,应合理安排精粗比例,适当使用紫花苜蓿干草,根据不同精粗比、不同苜蓿干草的使用量等因素,设计合理的饲粮配方。高产奶牛全混合日粮配方可参考表4-1。

表4-1 高产奶牛全混合日粮推荐配方

原料名称	I	II	III
青贮玉米(%)	19.73	15.00	15.00
玉米秸秆(%)	23.80	21.00	10.00
苜蓿干草(%)	11.63	24.00	15.00
玉米(%)	20.94	21.10	37.30
大豆粕(%)	5.75	6.70	10.00
玉米DDGS(%)	2.69	4.00	4.00
棉籽粕(%)	5.52	—	—
棉籽(%)	—	2.00	2.00
味精酵母(%)	1.31	1.00	1.00
玉米胚芽粕(%)	2.78	—	—
玉米麸(%)	2.68	—	—

续表

原料名称	I	II	III
石粉(%)	0.75	0	0.40
碳酸氢钙(%)	0.85	1.70	1.80
添加剂预混料(%)	0.50	0.50	0.50
食盐(%)	0.49	0.50	0.50
小苏打(%)	0.30	0.40	0.40
氧化镁(%)	——	0.20	0.20
硫酸钠(%)	0.05	0.20	0.20
沸石粉/腐殖酸钠（%）	0.25	1.70	1.70
十物质米食量(千克/天)	19.10	20.00	18.00
精料∶粗料	45∶55	40∶60	60∶40
产奶净能(兆焦/千克)	6.04	5.82	6.47
粗蛋白质(%)	14.80	14.30	15.30
粗纤维(%)	27.50	28.00	18.40
钙(%)	0.62	0.72	0.79
磷(%)	0.39	0.50	0.54

资料来源:张庆坤,田玉民,秦希杰,等.优质高产奶牛高效全混合饲料配方筛选试验 [J].中国草食动物,2007(2):18-21.

2.肉牛饲料配方技术要点

一般肉牛育肥在饲料形式上多采用以粗饲料为主、精料补充料为辅的饲喂方式,该养殖模式可以充分利用农副产品,如酒糟、淀粉渣、糠麸类以及氨化处理的玉米秸秆和稻秸等。到育肥后期精饲料的比例可增加到80%以上。对淘汰牛的育肥可在开始时喂给驱虫药物,以提高其营养物质的吸收率。

专门化肉牛的育肥,以舍饲饲养为主,精料的使用量相对较高,同时可以利用少量的非蛋白氮饲料。到育肥的后3个月左右进行强度育肥,能量饲料以谷物类为主,还可以在精料中添加5%左右的油脂,精饲料可以占到饲料总进食量的70%。肉牛可以很好地利用豆粕、葵花饼(粕)、菜籽饼(粕)、棉籽饼(粕)等,肉牛精料补充料的能量和蛋白质水平不强求达到某一具体数值,应根据现有条件和经济实力做合理性调整。具有代表性的架子牛日粮配方可参考表4-2。

表4-2　架子牛短期育肥日粮配方

项目	前期	中期	后期
日粮组成			
粗饲料			
全株玉米青贮(%)	76.19	80.00	71.43
小麦秸秆(%)	23.81	20.00	28.57
饲喂量(千克/克)	10.50	10.00	7.00
精饲料			
玉米(%)	54.00	65.00	70.00
小麦麸(%)	26.00	22.00	22.00
胡麻饼(%)	7.00	5.00	0
马芽豆(%)	10.00	5.00	5.00
食盐(%)	1.00	1.00	1.00
石粉(%)	1.00	1.00	1.00
预混料(%)	1.00	1.00	1.00
饲喂量(千克/克)	4.51	6.19	8.09
营养水平			
综合净能(兆焦/千克)	6.40	6.79	7.30
粗蛋白(%)	10.53	10.45	10.17
钙(%)	0.39	0.41	0.40
磷(%)	0.30	0.31	0.31

资料来源:王秉龙,朱新忠,蔡翠翠,等.架子牛短期快速育肥日粮配方筛选试验[J].黑龙江畜牧兽医,2018(18):57-60.

3.肉羊日粮配方技术要点

肉羊的饲料日粮配合要全方位考虑性价比,合理、科学地利用各种饲料和原料进行日粮的搭配,在满足营养需要的基础上,尽可能地降低投入成本,提高养殖的经济效益,按照不同的生产目的提供科学的饲料营养及饲料配方。生产中,根据不同生理阶段,在养殖过程中做到精准营养、精细化管理,既能减少饲料的浪费,又能达到最大、最优化的生产目的。

母羊空怀期与妊娠前期饲养的主要目的是使母羊群的膘情达到一致,有利于集中发情、集中配种和对羔羊的统一管理。对于体质较差的母羊,可以进行短期优饲,改善体况。空怀期胎儿生长发育较为缓慢,体重达到了出生重的15%,提供给母羊的饲料一定要确保营养全面。妊娠后期不仅母羊体重增长快,而且羔羊出生体重的85%也是在这个阶段获得。因此,母羊对蛋白质、能量、维生素、矿物质等营养物质需要量较高,要保证足够的饮水和饲料,加强运动,并在寒冷季节饲喂温水以保证足够的乳汁分泌。母羊哺乳期,羔羊体重可在出生后的2周内增加1倍,日增重200~300克,母乳提供所需的全部营养物质。因此,必须加强母羊的营养水平,一般根据母羊产羔数量,为母羊提供充足的营养。哺乳后期羔羊逐渐断奶,补饲提供的营养成为羔羊主要的营养来源,并且以恢复母羊的体况及为下次配种做准备为主要目的。因此,这个阶段母羊的营养水平逐渐降低。妊娠期母羊日粮配方可参照表4-3和表4-4。

表4-3 母羊妊娠前期的日粮配方与饲喂量

原料		中高营养水平	中等营养水平	中低营养水平
混合精料（%）	玉米	49.32	48.56	48.56
	棉籽粕	12.42	11.86	11.86
	葵花粕	21.05	14.29	14.29
	麸皮	26.31	18.57	18.57
	食盐	3.95	3.36	3.36
	添加剂	3.95	3.36	3.36
饲喂量(千克/天·只)	精料	0.33	0.28	0.33
	苜蓿干草	0.31	0.34	0.33
	小麦秸粉	0.24	0.30	0.33
	青贮玉米	1.85	1.84	1.80
营养水平	干物质(千克/天)	1.26~1.27	1.33	1.23~1.09
	代谢能(兆焦/天)	11.79~11.52	12.40	11.14~9.78
	粗蛋白(克/天)	162~146	169.00	141~135
	钙(克/天)	10.20	7.50	9.20
	磷(克/天)	5.30	4.60	5.10

资料来源:杨会国,余雄,张扬,等.不同杂交组合F1母羊妊娠前期适宜营养水平与日粮配方筛选[J].中国草食动物,2008(4):47-48.

表4-4 妊娠后期湖羊母羊日粮配方

项目		含量
原料	花生秧(%)	14.50
	青贮饲料(%)	53.20
	玉米(%)	9.10
	小麦麸(%)	6.90
	豆粕(%)	8.50
	玉米干酒糟及其可溶物(%)	4.80
	石粉(%)	0.90
	氯化钠(%)	0.60
	小苏打(%)	1.00
	预混料(%)	0.50
	合计(%)	100.00
营养水平	粗蛋白质(%)	13.25
	中性洗涤纤维(%)	24.62
	酸性洗涤纤维(%)	23.61
	粗脂肪(%)	7.27
	钙(%)	1.30
	磷(%)	0.70
	代谢能(兆焦/千克)	9.68

资料来源:张昕妍,段春辉,杨若晨,等.妊娠后期添加丁酸钠对湖羊母羊生长性能、养分表观消化率、血清抗氧化和免疫指标及羔羊生长性能的影响[J].动物营养学报,2022,34(10):6550-6564.

育肥羊日粮配制应结合育肥羊自身的生长特点,确定肉羊的饲粮组成,并结合实际增重效果,及时进行调整。

第一,根据羊在不同饲养阶段和日增重的营养需要量进行配制,目前各国都依据本国制定的饲养标准配制日粮,但应注意羊品种的差别,比如绵羊和山羊各有特点。

第二,根据羊的消化生理特点,合理选择多种饲料原料进行搭配,并注意饲料的适口性。采用多种营养调控措施,以提高羊对纤维性饲料的采食量和利用率为目标,实行日粮优化设计。

第三,要尽量选择当地来源广、价格便宜的饲料来配制日粮,特别是充分利用农副产品,以降低饲料费用和生产成本。

第四,饲料选择应尽量多样化,以起到饲料间养分的互补作用,从而

提高日粮的营养价值和养分利用率,达到优化饲料配方设计的目标。

第五,饲料添加剂的使用,要注意营养性添加剂。根据育肥肉羊品种、体重大小确定育肥进度和育肥方案。育肥羊日粮中的粗料应占30%~40%,即使到育肥后期,也不应低于30%,日粮中精料或粗料应多样化,增加适口性。掌握科学的饲喂方法,做到定时定量,按需要投放饲料,日粮从粗料型转为精料型时,一定要避免变换过快。绵羊育肥期日粮配方可参照表4-5。

表4-5　断奶湖羊羔羊育肥期日粮配方

项目		育肥前期	育肥后期
原料	葵花壳(%)	10.00	10.00
	大豆皮(%)	20.00	11.00
	玉米(%)	35.00	45.00
	麸皮(%)	0.00	5.00
	膨化大豆(%)	8.00	6.00
	玉米干酒糟(%)	4.50	6.00
	玉米胚芽粮(%)	10.00	0.00
	脂肪粉(%)	1.50	1.50
	糖蜜(%)	2.00	2.00
	食盐(%)	0.50	0.50
	石粉(%)	0.50	0.50
	碳酸氢钙(%)	1.00	1.00
	膨润土(%)	1.00	1.00
	预混料(%)	1.00	1.00
合计		100	100
营养水平	干物质(%)	91.70	89.48
	代谢能(兆焦/千克)	12.05	12.25
	粗蛋白质(%)	13.75	13.00
	粗灰分(%)	7.09	7.34
	中性洗涤纤维(%)	33.00	28.18
	酸性洗涤纤维(%)	18.13	13.99
	钙(%)	1.03	1.23
	总磷(%)	0.56	0.46

资料来源:黄文琴,吕小康,庄一民,等.早期断奶和育肥期饲粮NDF水平对湖羊生长性能和消化代谢的影响[J].中国农业科学,2021,54(10):2217-2228.

第四节　牛、羊饲料的加工方法

一　青贮饲料

详见第一章第三节。

二　秸秆饲料加工与利用

秸秆可以用作草食家畜饲料,且秸秆饲料化利用,是提高秸秆综合利用率的有效途径,是推动畜牧业发展的有效动力。目前,农作物秸秆作为饲草料在牛、羊养殖中扮演着重要的角色。要提高秸秆饲料营养价值,就必须对秸秆进行综合预处理和有效的加工处理,其营养价值才会有所提高,进而提高畜产品的品质。

(一)物理处理方法

物理处理方法主要包括切碎、高压蒸煮、膨化、揉丝和压块等。切碎可以破坏部分纤维素晶体结构,削弱纤维素、半纤维素和木质素之间的结合,扩大秸秆与消化液的接触面积,提高农作物秸秆的适口性,但不能改变组织结构及提高其营养价值。高压蒸煮是利用秸秆中的木质素在170 ℃时会被软化或水解的原理进行的。

揉丝技术是通过精细加工,使秸秆变成柔软的丝状物,能提高牲畜的适口性、采食量和消化率(图4-5)。压块是将农作物秸秆压制成高密度饼块,可以保持其原有的营养成分,有效防止霉变的发生,同时减少了储藏空间,为运输、日常饲喂等提供了便利。膨化技术是将原料装入密闭容器中,经一定时间的高压热处理后瞬间泄压而成为膨化饲料,此技术使物料的某些性状发生改变,从而提高牲畜的吸收量。

图4-5　秸秆揉丝加工

（二）化学处理方法

化学处理主要包括碱化处理、氨化处理等方法。碱化处理可以将不易溶解的木质素变为易于溶解的羟基木质素,使细胞间镶嵌物与细胞壁变得松散,纤维素酶和消化液可以轻松渗入,达到提高消化率的目的。氨化处理是利用氨水对农作物秸秆进行处理,使秸秆变柔软,易于消化,饲料含氮量可增加1倍,采食量和养分消化率均可有效提高。

（三）生物处理方法

生物处理法是利用某些特定微生物及分泌物处理农作物秸秆及青贮、微贮、酶解等。青贮是利用微生物的发酵作用,在适宜的温度和湿度且密封等条件下,通过厌氧发酵产生酸性环境,抑制和杀灭各种微生物的繁衍生长,形成一种营养不易丢失、适口性好而且容易被动物消化吸收的可以长期保存的青绿多汁饲料,营养物质损失率为3%~10%。将秸秆粉碎后,经过微生物的发酵成为青贮饲料。发酵过程中产生一定浓度的乳酸,既可保护饲料的营养成分不受损失,又可使饲料保持青绿多汁的特点,并具有酸香味,贮存时间较长。青贮的秸秆含水量在70%左右,质地柔软、多汁、适口性好、利用率高,是反刍动物重要的饲料来源。

微贮是在饲料中加入适量的经过有机酸发酵菌和木质纤维素分解菌制备的饲料发酵菌,在厌氧条件下将木质纤维素分解为乳酸和挥发性脂肪酸,使pH降低至4.5~5.0,酸性和厌氧环境抑制了丁酸生成菌等各种有害菌和霉菌的活动,从而达到长期保存的效果。稻秸经过微贮可以改善适口性和营养价值。农作物秸秆饲料化是秸秆有效利用的主要方式之一,选择合理的加工方式能不同程度地提高秸秆饲料的营养价值。

三 全混合日粮(TMR)调制与加工技术

TMR为全混合日粮(Total Mixed Ration)的英文缩写,是根据牛、羊等反刍动物在不同生长发育阶段和哺乳的营养需要,根据不同饲料原料的营养价值设计配方,用特制的饲料制备机械对各组分进行搅拌、切割、混合和饲喂的一种饲养工艺。

（一）TMR技术的优点

1.保证日粮的全价性

在配制TMR时,是根据牛、羊的不同生长发育阶段和不同的生理阶段对营养物质的需求不同这一特点,再根据牛、羊饲料各原料组分的营养成分,通过计算分析,然后再按一定的配比将不同的饲料原料搅拌、混合,最终成为饲喂牛、羊的全价饲料,利用TMR技术可以确保采食到的每一口饲料都是全价的。

2.改善饲料适口性

TMR技术的应用可以改善饲料的适口性,在配制饲料时可以将一些适口性差、传统的饲喂方式不方便的饲料原料混合在TMR中使用,这样可以有效地避免牛、羊挑食,在很大程度上可以减少饲料的浪费。

3.提高生产性能

TMR技术根据牛、羊不同生理阶段营养需要,对饲料进行精准的配制,日粮中的各营养物质配比均衡,可以显著提高牛、羊的生产性能。该项技术的应用还可以使牛、羊饲料中的多种营养物质在瘤胃中同时被利用,可提高瘤胃微生物的繁殖速度;还可以使精粗料混合均匀,矿物质、维生素、微量元素添加剂等配比适宜,最大限度地提高干物质的采食量;并维持牛、羊瘤胃 pH 稳定,减少奶牛消化系统障碍性疾病、营养代谢障碍性疾病的发生,很大程度上提高牛、羊的健康水平。

4.提高饲料报酬

利用TMR技术配制的饲料具有各营养物质配比合理、适口性好、营养全面等优点,与传统的饲喂方式相比,可以促进牛、羊的消化吸收能力,从而提高饲料的报酬率。

5.提高牛、羊的健康水平

生产实践表明,TMR技术可以减少牛、羊饲养人员的劳动强度。这是由于TMR配制过程中涉及的一些工作,如饲料称重、混合搅拌、送料、喂料等,都是通过机械化完成的,可以减轻饲养人员的劳动强度,同时提高劳动效率。

(二)TMR加工技术

1.TMR 搅拌机的选择

TMR搅拌机有不同的分类标准。按照结构不同可分为卧式和立式。卧式搅拌机的优点是外形高度低,对圈舍高度要求不高,另外其绞龙上安装的多个刀片能快速有效处理根茎类饲料;缺点是设计较复杂,价格及维修费用较高。立式搅拌机设计简单,价格较低,能轻松处理大草捆。根据搅拌机的自动化程度可分为固定式、牵引式、自走式三种。固定式价格最低,适用于不方便机械进入的老式牛舍;牵引式价格中等,普及率最高,但对牛舍高度和饲喂通道宽度有一定要求;自走式价格最高,可以自主加料,自动化程度最高。根据配方不同,每立方米TMR的重量在200~300千克。另外,饲料的填充量不能超过搅拌机最大容量的85%。因此,养殖场要根据养殖规模和分群情况,选择容积适宜的搅拌机。

2.注意饲料干物质变化

TMR饲料必须保持一定的水分,偏湿或偏干的日粮都会限制牛、羊的采食量,通常TMR日粮水分控制在45%~55%较为合适。

TMR水分过低,粉料不能很好地附着粗料,易造成奶牛挑食;水分过高,易造成牛、羊干物质采食量不足。为了保证TMR的水分正常,必须经常对饲料原料(如啤酒糟、青贮玉米等)进行水分测定,还要注意气候的变化对饲料水分的影响(如雨天对青贮饲料的影响)。低估某一种饲料的干物质含量,可能导致该饲料给饲量高于需要的水平,反之则导致给饲量低于需要的水平。

3.确定加料顺序及适宜的搅拌时间

立式混合机一般先加入干草,然后再加入谷物或精料,最后是青贮饲料(图4-6)。干草在加入之前最好先粗铡。一般来说,在最后一种饲料加入后搅拌混合5分钟即可,立式混合机时间需要稍短一些。如果TMR过度搅拌,容易导致饲料过细,不能留下长纤维;反之,搅拌时间过短,长纤维较多,易造成牛、羊挑食,可导致瘤胃功能失调和酸中毒。

图4-6 育肥牛场TMR加工

4.定期校正搅拌车的磅秤

每3个月对搅拌车磅秤进行校正,保证TMR日粮的准确性。以满载1/3或2/3负荷的情况下,检测磅秤的准确性。可以在三种负荷情况下,每个角落放置已知重量的物体,以检测搅拌车称量的准确性。

(三)TMR技术的应用

1.合理分群是TMR技术应用的基础

通过合理的分群,可以使全混合日粮在奶牛养殖应用中发挥最大限度的生产效益,故需要对牛、羊进行严格的分群。分群时应根据年龄、繁殖情况等进行。对于成年奶牛来说,则需要根据奶牛的泌乳情况、身体情况、繁殖情况等进行分群,并且通常是分群越细,则该项技术发挥得越好。但是在实际操作时,需要根据本场的实际情况,结合管理的可操作性来实施。分群结束后需要做好观察工作。每天固定投料次数和时间,投料后要及时进行推料,促进牛、羊的采食。

2. 观察TMR采食情况

使用TMR技术,可避免牛、羊挑食。TMR越是干燥,牛、羊越是容易挑食。TMR的水分控制合理,每天多次发料,频繁推料都有助于减缓牛、羊的挑食问题。及时观察剩料情况,如果剩料的长纤维饲料明显过多,应当把长纤维切得短一些或增加搅拌时间。

利用秸秆、农产品加工副产物等制作TMR成为解决规模化羊场饲料资源不足、降低饲料成本、提高经济效益的重要途径。除常规TMR饲料外,近年来还出现了发酵TMR饲料和TMR颗粒饲料两种新类型。发酵TMR是一种新型的TMR日粮,是指根据不同生长阶段的营养需要,按设计比例,将青贮、干草等粗饲料切割成一定长度,并和精饲料及各种矿物质、维生素等添加剂进行充分搅拌混合后,装入发酵袋内抽真空或通过其他方式创造一个厌氧的发酵环境,经过乳酸发酵,最终调制成的一种营养相对平衡的日粮。发酵TMR不仅可以有效利用含水量高的农产品加工副产物,还可以长期贮存且便于运输,开封后的有氧稳定性大大提高。TMR颗粒饲料是根据不同生长发育及生产阶段家畜的营养需求和饲养要求,按照科学的配方,用特制的搅拌机对日粮各组分进行均匀地混合,再用特定设备经粉碎、混匀而制成的颗粒型全价配合饲料。

参考文献

[1] 刘树森.羊消化器官组成和机能及生理特点[J].农村实用科技信息,2007
(7):22.

[2] 王光亚.反刍动物的消化与营养特点[J].动物医学进展,2002(5):113-116.

[3] 庆坤,田玉民,秦希杰,等.优质高产奶牛高效全混合饲料配方筛选试验[J].
中国草食动物,2007(2):18-21.

[4] 王秉龙,朱新忠,蔡翠翠,等.架子牛短期快速育肥日粮配方筛选试验[J].黑
龙江畜牧兽医,2018(18):57-60.

[5] 杨会国,余雄,张扬,等.不同杂交组合F1母羊妊娠前期适宜营养水平与日

粮配方筛选[J].中国草食动物,2008(4):47-48.

[6] 张昕妍,段春辉,杨若晨,等.妊娠后期添加丁酸钠对湖羊母羊生长性能、养分表观消化率、血清抗氧化和免疫指标及羔羊生长性能的影响[J].动物营养学报:2022,34(10):6550-6564.

[7] 黄文琴,吕小康,庄一民,等.早期断奶和育肥期饲粮NDF水平对湖羊生长性能和消化代谢的影响[J].中国农业科学,2021,54(10):2217-2228.

[8] 周书玄.奶牛全混合日粮(TMR)技术的优点及应用[J].现代畜牧科技,2021(4):47+49.

[9] 李荣岭,侯明海,马文健,等.全混合日粮(TMR)技术在肉牛生产中的应用[C].第十二届中国牛业发展大会论文集.2017:119-122.

[10] 秦娟娟.全混合日粮饲喂技术在牛、羊生产中的应用[J].畜牧兽医科学(电子版),2019(9):69-70.

第五章　无公害鸡饲料的配制与加工

　　鸡是一种家禽,家鸡源自于野生的原鸡。现代养鸡业品种分为蛋鸡和肉鸡两大类,主要用于鸡蛋和鸡肉生产。2020年,鸡肉世界总产量为11 950万吨,占比35.4%,超越猪肉、牛肉等成为世界第一大肉类;中国鸡肉总产量近10年来一直处于增长趋势,2020年总产量为1 514万吨,占中国肉类总产量的20.1%,是继猪肉后的第二大肉类,其中白羽肉鸡占比60%,黄羽肉鸡占比30%,小型白羽肉鸡占比10%。鸡肉的饲料转化率较猪肉和牛肉高,约为1.8,而猪肉约为3.3,牛肉为5～7,故鸡肉是公认的经济蛋白质来源。我国是全球鸡蛋生产和消费的第一大国,蛋鸡产业对保障人民生命健康和食物安全具有重要意义。2020年全球鸡蛋总产量为8 667万吨,其中中国占比34.4%。根据国家统计局公布的数据,2020年我国鸡蛋消费量为2 947.8万吨,全球排名第一;人均鸡蛋消费量296枚,全球排名第三。鸡蛋提供了我国畜禽产品蛋白质总量的20%以上。而随着中国经济的发展,人们对鸡肉和鸡蛋的消费量及对品质的要求都将会继续提高。

　　虽然中国的肉鸡和蛋鸡养殖位居前列,但养殖也存在很多问题,如养殖规模化程度需进一步提高、农民养殖技术缺乏、黄羽肉鸡营养标准不全面、饲料原料紧缺、禁抗令的实施等。本章从鸡的生物学特性与消化结构特点、鸡的营养需要、鸡的日粮配方设计方法及鸡饲料的加工工艺四个方面对鸡的营养进行全面叙述。

第一节　鸡的生物学特性、消化结构特点

一　鸡的生物学特性

鸡在生物学分类中属于鸟纲、鸡形目、雉科、原鸡属，其具有以下生物学特性。

（一）新陈代谢旺盛

鸡基本的生理特点是新陈代谢旺盛。首先，鸡的体温高，一般为40.5～42.0℃，标准体温是41.5℃。其次，鸡的心率高、血液循环快，心率范围一般为160～470次/分钟。心率除了因品种、性别、年龄的不同而有差别，另外还受环境的影响，比如环境温度、惊扰、噪声等。最后，鸡的呼吸频率高，为22～110次/分钟，同一品种中，雌性较雄性高。此外，还随环境温度、湿度及环境安静程度的不同而有很大差异。鸡对氧气不足很敏感，它们的单位体重耗氧量为家畜的2倍。体温来源于体内物质代谢的氧化作用产生的热能，机体内产生热量的多少决定于代谢强度。因此，要创造良好的环境条件，如适宜的温度、湿度和良好的通风、环境卫生，并按鸡各阶段的营养需要给予充足的饲料和均衡的营养，才能保证鸡的正常生长，并且能达到最佳的产肉和产蛋性能。

（二）消化道短，饲料利用率低

鸡的消化道短，长度仅为体长的6倍，与牛（20倍）、猪（14倍）相比要短得多，以致食物通过消化道较快，消化吸收不完全。另外，鸡口腔无牙齿咀嚼食物，腺胃消化能力差，只靠肌胃与砂粒磨碎食物。因此，在饲料中添加适量砂粒会帮助肌胃磨碎饲料，提高饲料利用率；鸡消化道内没有分解纤维素的酶，只能靠盲肠消化少量的粗纤维，所以鸡对粗纤维消化率比家畜低得多。

（三）体温调节功能不完善

鸡与其他恒温动物一样，依靠产热、隔热和散热来调节体温。但由于鸡没有汗腺，又有羽毛紧密覆盖而构成非常有效的保温层，故当环境气温上升到26.6℃时，热辐射、热传导、热对流的散热方式受到限制，而必须依靠呼吸排出水蒸气来散发热量以调节体温。随着气温的升高，呼吸散热更为明显。一般来说，鸡在5～30℃的范围内，体温调节功能健全,体温基本能保持不变。若环境气温低于5℃或高于30℃,鸡的体温调节功能不够完善,尤其对高温的反应比低温更明显。当鸡的体温升高到42.0~42.5℃时,则出现张嘴喘气、翅膀下垂、咽喉颤动。若不及时降温,就会影响鸡的生长发育和生产。当鸡的体温升高到45℃时,就会晕厥、死亡。

(四)繁殖潜力大

母鸡仅左侧卵巢与输卵管发育和功能正常,繁殖能力很强,高产鸡年产蛋在300枚以上。雄性家禽的繁殖能力也很突出,其精子可在母鸡输卵管内存活5~10天,最高可存活30天。

二 鸡的消化系统和结构特点

(一)鸡的消化系统

消化系统主要由消化道和消化腺组成,其中鸡的消化道较短,主要由喙、口腔、咽、食管、嗉囊、腺胃、肌胃、十二指肠、空肠、回肠、盲肠、直肠、泄殖腔、肛门组成,而消化腺主要由唾液腺、胰脏和胆囊组成。

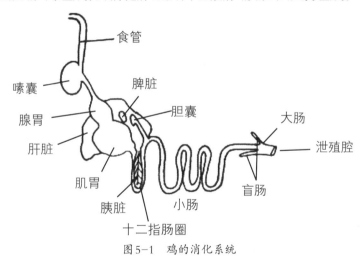

图5-1　鸡的消化系统

资料来源:董泽敏,王修启,冯定远.家禽营养原理[J].养禽与禽病防治,2007(7):4.

(二)鸡的消化系统特点

1.鸡的消化道特点

家禽的口腔构造简单,有喙,其喙坚硬用于啄食;无牙齿,故无咀嚼能力;舌黏膜的味觉乳头不发达,对苦味和咸味不敏感,主要靠视觉和嗅觉寻找食物;唾液腺不发达,唾液内淀粉酶很少,消化作用不大,主要用

于润滑饲料,便于吞咽。

食管是一条长管,近胸口处膨大形成嗉囊,可以贮存待消化的饲料。嗉囊能有节律性地收缩,把饲料由嗉囊送到胃,饥饿时收缩次数增加。嗉囊无骨组织保护,故易受到外界刺激。

胃分肌胃和腺胃两部分,腺胃呈短纺锤状,位于肝的两叶之间,前部连食管,后接肌胃。腺胃膜内有腺体,开口于膜表面的乳头,主要分泌含有蛋白酶原和盐酸的胃液,有消化蛋白质和溶解矿物质的作用。肌胃又叫砂囊,胃膜上有一层淡黄色坚硬的角质层(鸡内金),其可保护胃壁在粉碎坚硬饲料时不受损;肌胃不分泌胃液,主要靠胃壁肌肉强有力地收缩磨碎粗糙饲料,肌胃收缩力强,每分钟可收缩2～3次;肌胃内容物pH为2.0～3.5。

饲料经肌胃粉碎后进入小肠,小肠主要包括十二指肠、空肠和回肠,其中胆总管和胰管均开口于十二指肠。小肠是营养物质消化的主要场所,肠液中含蛋白酶、淀粉酶等消化酶,小肠与胰脏、胆囊相连,胰脏与胆囊中分泌出的蛋白酶、淀粉酶、脂肪酶和胆汁,进入小肠后促进蛋白质、淀粉、脂肪消化成小分子物质,小分子物质经小肠绒毛吸收进入血液和淋巴,供身体利用。

大肠由一对盲肠和一条直肠组成。盲肠的入口处为大肠和小肠的分界线,有明显的肌性回盲瓣;直肠起于盲肠入口处,向后延伸,至最后的扩大部称为泄殖腔。盲肠中的微生物可以分解饲料中的粗纤维,但因小肠内容物只有少量通过盲肠,鸡对粗纤维的消化率较低;盲肠主要吸收粗纤维发酵分解的脂肪酸,除此之外还吸收水分、含氮物质及由细菌合成的维生素。直肠主要吸收部分水和盐类,形成粪便后经泄殖腔与尿混合排出体外。

泄殖腔是直肠、输尿管、输卵管(输精管)的共同开口。泄殖腔被两个环形褶分为前、中、后三部分,前部为粪便道,与直肠直接相连;中部为泄殖道,输尿管、输精管或输卵管的阴道部开口于此;后部为肛道,是消化道最后一段,壁内有括约肌,在泄殖腔道与肛道交界处的背侧有一腔上囊。

2.鸡的消化腺特点

肝细胞生成胆汁,由肝内和肝外胆管排泄并储存在胆囊内,进食时胆囊会自动收缩,通过胆囊管和胆总管把胆汁排泄到小肠,以帮助食物消化吸收。同时,肝脏还参与合成代谢、分解代谢和能量代谢。

　　胰腺分为外分泌腺和内分泌腺两部分。外分泌腺由腺泡和腺管组成,腺泡分泌胰液,腺管是胰液排出的通道。胰液中含有碳酸氢钠、胰蛋白酶原、脂肪酶、淀粉酶等。胰液通过胰腺管排入十二指肠,可消化蛋白质、脂肪和糖。

第二节　鸡的营养需要

一　鸡的品种

　　鸡是人类饲养最普遍的家禽,按照经济用途的不同可分为肉用型品种、蛋用型品种和肉蛋兼用型品种三个类型。

　　蛋用型品种的鸡一般体形较小,体躯较长,皮薄骨细,羽毛紧密,5~6月龄开始产蛋,年产蛋在200枚以上,产肉少,肉质较差,无就巢性。现代蛋鸡品种要求生产性能强、生活能力强、适应大规模集约化饲养,根据其鸡蛋蛋壳的颜色在生产上分为白壳蛋鸡、褐壳蛋鸡、粉壳蛋鸡。白壳蛋鸡主要包括北京白鸡、海兰白鸡、罗曼白鸡、海赛克斯白鸡等;褐壳蛋鸡主要包括伊莎褐壳蛋鸡、海兰褐壳蛋鸡、罗曼褐壳蛋鸡、黄金褐壳蛋鸡等;粉壳蛋鸡主要包括海兰粉壳蛋鸡、京白939粉壳蛋鸡、亚康粉壳蛋鸡等。

　　肉用型品种的鸡以产肉为主。这类鸡种体形大,体躯宽深而短,胸部特别发达,冠小,颈粗而短,腿短骨粗,肌肉发达,外形呈方圆形,羽毛蓬松,性情温顺,动作迟缓,早期生长快,易育肥。但觅食能力差,成熟晚,就巢性强,产蛋少(年产蛋在120枚左右)。国内饲养的肉鸡品种主要有白羽肉鸡、地方优质黄羽肉鸡、肉杂鸡等。在我国,白羽肉鸡是生产的主导品种,主要品种包括罗斯308或508、科宝(Cobb)500、爱拔益加(AA+)、艾维茵、彼得逊等。白羽肉鸡的特点是生长速度快、饲养周期短、出栏时平均体重大。黄羽肉鸡主要是指我国地方品种血统的杂交鸡,主要品种包括皖南青脚鸡、皖江黄鸡、岭南黄鸡、金陵麻鸡、文昌鸡、清远麻鸡等;黄羽肉鸡与白羽肉鸡相比一般生长速度慢、生长周期长,其一般生长周期为7~15周,出栏体重为1.4~2.5千克,料肉比为(2.3~3.5):1。黄羽肉鸡按生长速度可分为快速型、中速型和慢速型,快速型黄羽肉鸡一般42~65天出栏,主要分布在长江中下游省(市),如上海、江苏、浙江、

安徽;中速型一般65~95天出栏,主要分布在珠江三角洲地区;慢速型一般超过100天出栏,主要分布在广西、广东湛江地区和广州地区。肉杂鸡经商品代蛋鸡与块大型父母代公鸡杂交产出,以产肉为主,具有杂交优势。肉杂鸡生长速度相对适中,肌肉结实,皮肤紧实度好,主要分红肉杂鸡和白肉杂鸡两大类。

蛋肉兼用型品种的鸡的体形介于蛋用型鸡和肉用型鸡之间,保持着两者的优点,肉质良好,产蛋量较多(年产蛋为160~200枚)。当产蛋能力下降后,肉用经济价值也较大。该类型鸡性情比较温顺,体格健壮,觅食能力较强,仍有就巢性。有芦花鸡、新汉县鸡、寿光鸡、澳洲黑鸡和狼山鸡等。

二 鸡的阶段划分及各阶段营养需要特点

(一)肉鸡各阶段划分及营养需要特点

肉鸡分为白羽肉鸡和黄羽肉鸡,其中白羽肉鸡主要是指专门化培育品系肉鸡,黄羽肉鸡主要是指我国地方品种血统的杂交鸡。按我国行业标准《鸡饲养标准》(NY/T 33—2004),肉鸡根据其生长可分为前期、中期和后期三个阶段。生产中,肉鸡前期阶段是指0~3周龄,这个时期称为育雏期;中期阶段主要是指4~6周龄,这个时期称为生长期;后期主要是指7周龄以后,称为育肥期。

1.育雏期

雏鸡阶段新陈代谢旺盛,要求饲料营养丰富、全价。因其新陈代谢旺盛并且相对增重快,需要摄入高能量和高蛋白的饲料来满足其快速生长发育的需要。同时,雏鸡因消化道短而容积小,采食量有限,缺乏某些消化酶,肌胃磨碎能力弱,消化系统发育不健全,消化能力弱,因此,应提供雏鸡粗纤维含量低、容易消化的日粮,少食多餐,供足饮水。

2.生长期

生长期是肉鸡生长高峰时期,也是骨架和内脏生长发育的主要阶段。肉鸡在这个阶段发育快、长肉多,日采食量迅速增加,对各种营养物质的消化吸收能力增强。此阶段,肉鸡对营养的需求,除能量增加外,蛋白质、氨基酸、维生素、矿物质的需求都有所降低。对于增加的能量可以通过添加油脂等获得。

3.育肥期

育肥期的肉鸡对能量的需要明显高于生长期,而对蛋白质需要较生长期有所降低,在实际生产中可降低豆粕等蛋白质饲料的用量,同时增加玉米等能量饲料的比例,也可以进一步在饲料中添加一定比例的植物油以提高饲料能量浓度。在育肥期间,应注意棉籽粕、菜籽粕等非常规蛋白原料的用量,以免影响鸡肉的风味。

(二)蛋鸡各阶段划分及营养需要特点

蛋鸡按生长和生产阶段可分为育雏期、育成期、产蛋期。产蛋期又可细分为产蛋前期、产蛋中期、产蛋后期、淘汰蛋鸡育肥期。

按其生产目的,还可分为种鸡和商品蛋鸡。在生产实践中,为方便起见,还将商品蛋鸡的饲养阶段细分为蛋雏鸡、育成蛋鸡、开产蛋鸡、产蛋高峰期、产蛋后期、淘汰蛋鸡育肥期、蛋种鸡等。蛋鸡的品种、生理阶段、生产目的、地区、季节、饲养管理、饲养环境等,均影响其营养需要。

1.蛋雏鸡

蛋鸡0~6周龄为育雏期。该阶段为组织快速生长阶段,采食的营养主要用于肌肉、骨骼的快速生长,但消化系统发育不健全,采食量较小,同时肌胃研磨饲料能力差,消化道酶系发育不全,消化力低。因此其在营养上要求比较高,需要高能量、高蛋白、低纤维含量的优质饲料,并要补充较高水平的矿物质和维生素。设计配方时可使用玉米、鱼粉、豆粕等优质原料。

2.育成蛋鸡

蛋鸡7~18周龄为育成期,该阶段鸡生长发育旺盛,体重增长速度比较稳定,消化器官逐渐发育成熟,骨骼生长速度超过肌肉生长速度,因此对能量、蛋白等营养成分的需求相对较低。对纤维素水平的限制可以适量放宽,可以使用一些粗纤维较高的原料如糠麸、草粉,降低饲料成本。育成后期为限制体重增长,还可以使用麸皮等稀释饲料营养浓度。18周龄至开产可以使用过渡性高钙饲料,以加快骨钙的储备。

3.产蛋鸡

蛋用鸡19周龄至淘汰为产蛋期。这一时期又按产蛋率高低分为产蛋前期、产蛋中期和产蛋后期。

(1)产蛋前期:开产至40周龄或产蛋率由5%提升到80%以上的高峰期。这一时期的母鸡繁殖机能旺盛,代谢强度大,摄入的营养物质除用

于增重外,主要用于产蛋,因此营养负担较重,对蛋白的需要量随产蛋率的提高而增加。此外,蛋壳的形成需要大量的钙,因此对钙的需要量增加,蛋氨酸、维生素、微量元素等营养指标应适量提高,确保营养成分供应充足,力求延长产蛋高峰期,充分发挥其生产性能。含钙原料应选用颗粒较大的贝壳粉或粗石粉,便于挑食。尽可能少用玉米蛋白粉等过细饲料原料,以免影响采食。

(2)产蛋中期:40~60周龄或产蛋率70%~80%的高峰期过后,这一时期蛋鸡体重几乎没有增加,产蛋率开始下降,营养需要较高峰期略有降低。但由于蛋重增加,饲粮中的蛋白质水平不可降得太快,应采取试探性降低蛋白质水平较为稳妥。

(3)产蛋后期:为60周龄后或产蛋率降至70%以下,这一时期的产蛋率持续下降。由于鸡龄增加,对饲料中营养物质的消化和吸收能力下降,蛋壳质量变差,日粮中应适当增加矿物质饲料的用量,以提高钙的水平。产蛋后期随产蛋量下降,鸡体对能量的需要量相应减少,在降低粗蛋白水平的同时不可提高能量水平,以免使鸡变肥而影响生产性能。

4. 种鸡

与商品产蛋鸡相比,种母鸡产蛋期除维持需要和产蛋需要外,还要将部分营养物质贮存在蛋中,以满足鸡胚孵化的营养需要,因此要求日粮中含有较高水平的维生素和微量元素。

此外,褐壳蛋鸡与白壳蛋鸡相比,前者体重和蛋重较大,对主要营养物质需要量也较高,也应该区别对待。

▶ 第三节　鸡的日粮配方设计方法

一　全价(配合)饲料设计的步骤

(一)明确目标

饲料配方设计的第一步是明确目标,不同的目标对配方要求有所差别。主要目标包括:单位面积收益最大;每只上市动物收益最大;使动物达到最佳生产性能;使整个集团收益最大;对环境的影响最小。

（二）确定动物的营养需要量

国内外的鸡的饲养标准可以作为营养需要量的基本参考。但由于养殖场的情况千差万别,动物的生产性能各异,加上环境条件的不同,在选择饲养标准时不应照搬营养需要量,而是在参考标准的同时,根据当地的实际情况,进行必要的调整。稳妥的方法是先进行试验,在有了一定把握的情况下再大规模推广。动物采食量是决定营养供给量的重要因素。虽然对采食量的预测及控制难度较大,但季节的变化及饲料中能量水平、粗纤维含量、饲料适口性等是影响采食量的主要因素。

（三）选择饲料原料

即选择可利用的原料并确定其养分含量和动物对其的利用率。原料的选择应是适合动物的习性并考虑其生物学效价(或有效率)。在选择原料时还应注意以下几点。

1.了解原料营养成分的特性

主要把握各种原料哪些动物可用,哪些不可用、能用的最大限量等。如棉饼或棉粕中含有棉酚,对产蛋鸡容易造成畸形蛋、蛋清变色等,因此饲料标准中限定蛋鸡配合饲料中棉酚的含量不超过20毫克/千克,即棉粕的含量限定在3%左右。

2.选择质优价廉的原料

产品质量最好,价格最低,只有这样才能扩大市场占有率,提高经济效益。为达到目的,设计配方前要先对原料进行评价,挑选物美价廉的原料,然后进行设计。

3.适当控制所用原料的种类

可以用作配合饲料的原料有很多,一般来说使用的原料种类越多,越能弥补饲料营养上的缺陷,价格应变能力也强,但生产成本升高,可根据自己的实际情况适当控制原料的种类。

4.了解和利用原料的物性

原材料有各种物性,如:容易粉碎的、难以粉碎的,粉尘多的、粉尘少的,易溶的、难溶的,适口性好的、差的等,配方设计中要充分利用这些物性。如多用玉米–豆粕饲料的颜色,使用少量的油脂和液体原料可抑制生产中的粉尘,还有专用的调整适口性的调味剂,如香料、糖精、味精等,这类原料的合理使用,也能提高饲料的质量。

5.选择饲料添加剂

配合饲料中使用添加剂,首先要符合有关饲料的卫生、安全、法则。维生素、矿物质和氨基酸等营养性添加剂,只要符合规格要求就行。这些营养性添加剂,有些是补充原料中含量不足的,如氨基酸,有些是不计原料中含量的,即按营养需要量添加,如维生素、微量元素、矿物质。选择添加剂时,除考虑价格因素外,还要注意它们的生物效价、稳定性等属性。

(四)生成配方

将以上三步所获取的信息综合处理,形成配方配制饲粮,可以人工计算,也可以采用专门的计算机优化配方软件(详见第二章第四节)计算。

二 浓缩饲料

是由维生素、微量元素、氨基酸、促生长或防病药物等添加剂预混料和含钙、磷的矿物质饲料、蛋白质饲料与食盐等组成,是配合饲料厂生产的半成品。浓缩饲料中,除能量指标外,其余营养成分的浓度很高,一般为全价配合饲料的3~4倍,如蛋白质含量一般在30%~75%,按设计比例的其他成分主要是能量饲料,如与玉米、高粱等相混合,可以得到全价配合饲料。浓缩饲料占全价配合饲料的比例,因动物、配方及目的不同而有很大变化,一般在5%~50%,通常情况下占20%~40%,将比例较低的浓缩饲料配成全价饲料时,可能还需补加蛋白质饲料,而用高比例的浓缩料时,只需添加一部分能量饲料。蛋用型育成鸡用浓缩料占全价料比例为30%~40%,产蛋鸡浓缩料相应为40%(含贝壳粉或石灰石粉)或30%(不含贝壳粉或石灰石粉),肉用仔鸡前期料占全价饲料的比例为30%,后期为25%。

三 添加剂预混合饲料

其是一种在配合饲料中所占比例很小而作用很大的饲料产品,是由一种或多种具有生物活性的微量组分组成,并将其吸附在一种载体上或用某种稀释剂稀释,并经搅拌机充分混合而成的产品,是浓缩料和全价饲料的重要组成成分。添加剂预混料在配合饲料中所占比例很小,一般为0.25%~5.00%。生产添加剂预混料的目的是将添加量极微的添加成分经过稀释扩大,使其中的有效成分能均匀地分散在浓缩饲料和全价饲料中,使蛋鸡或肉鸡采食的每一部分全价饲料均能提供全价的营养,避免某些微量成分在局部聚集从而造成中毒。通常要求添加剂预混料的添加比例为最终产品的1%或更高。

▶ 第四节 鸡饲料的加工工艺

饲料是鸡体生产的物质基础,对鸡的健康、生产性能和养殖效益影响极大。饲料质量与饲料加工工艺等密切相关,加工是保证饲料质量的重要环节,对饲料营养价值和动物生产性能影响极大。饲料加工目的在于:①通过改变饲料原料形状,使之易于与其他饲料原料混合;②改善饲料的营养价值和适口性,制作营养平衡的、能满足动物需要的全价配合饲料;③增加采食量,促进动物生长。

饲料的加工质量由饲料结构决定,采用不同的加工工艺,饲料可生产成粉状饲料和颗粒饲料(硬颗粒饲料、颗粒破碎饲料和膨化饲料)。与颗粒饲料相比,粉状饲料生产工艺简单、能耗和加工成本低,营养成分损失少,特别是热敏性成分可较好地保留生物学活性,能使蛋鸡保持合理的体重,并可在一定程度上减轻蛋鸡啄癖。但粉状饲料成品易分级,难以避免蛋鸡挑食,采食时间长、粉尘大而造成鸡舍内空气质量下降。硬颗粒和颗粒破碎饲料则可克服粉状饲料的不足,具有生物安全性高、适口性好、摄入养分均衡、易消化、采食时间短、不分级、粉尘少等优点,但设备投入大、加工成本高、热敏性成分易损失。

蛋鸡饲料加工工艺相对简单,其工艺过程包括:原料接收与清理、粉碎、配料、混合、制粒、挤压膨化、成品包装和贮藏等。蛋鸡饲料料型有粉状、颗粒和颗粒破碎三种形式。研究表明,饲料料型对产蛋鸡的影响与其品种及产蛋阶段有关,海兰褐和新扬绿壳产蛋鸡饲喂粉状饲料生产性能较好,且可显著减轻蛋鸡啄癖行为,而海兰灰产蛋鸡则以饲喂颗粒饲料为宜。饲喂颗粒破碎饲料虽能提高蛋鸡采食量、蛋重和合格蛋率,但由于颗粒破碎饲料生产成本高,其净收益低于粉状饲料,且鸡蛋蛋黄颜色和蛋壳颜色变浅,影响蛋品质量。随着食品和饲料安全要求的提高,颗粒破碎饲料生产过程中的调质条件能有效灭活沙门氏菌,降低饲料污染风险。

一 原料接收与清理

原料接收是饲料厂饲料生产的第一道工序，也是保证生产连续性和产品质量的重要工序。原料接收任务是将饲料厂所需的各种原料用一定的运输设备运送到厂，并经质量检验、称重计量、出清入库存放或直接投入使用。

在进入饲料厂的原料中，可分为植物性原料、动物性原料、矿物性原料和其他小品种的添加剂。其中动物性原料（如鱼粉、肉骨粉）、矿物性原料（如石粉、磷酸氢钙），以及维生素等的清理已在原料生产过程中完成，一般不再清理。饲料厂需清理的主要是谷物性原料及其加工副产品。糖蜜、油脂等液体原料的清理则在管道上放置过滤器等进行清理。饲料谷物中常夹杂着一些沙土、皮屑、秸秆等杂质。少量杂质的存在对饲料成品的质量影响大。由于成品饲料对含杂的限量较宽，所以饲料原料清理除杂的目的，不单是为了保证成品的含杂不要过量，而是为了保证加工设备的安全生产、减少设备损耗及改善加工时的环境卫生。

二 原料粉碎

粉碎是用机械的方法克服固体物料内聚力而使之破碎的一种操作。饲料原料的粉碎是饲料加工过程中的最主要的工序之一。它是影响饲料质量、产量、电耗和加工成本的重要因素。粉碎机动力配备占饲料厂总功率配备的1/3左右。微粉碎能耗所占比例更大，因此如何合理地选用先进的粉碎设备、设计最佳的工艺路线、正确使用粉碎设备对于饲料生产企业至关重要。

（一）粉碎目的与重要性

1.重要性

增加饲料表面积，可显著提高饲料的转化率；改善和提高物料的加工性能，有利于饲料的混合、调质、制粒、膨化等。

2.目的

增加饲料的表面积，有利于动物的消化和吸收。减少颗粒尺寸，改善了干物质、蛋白质和能量的消化和吸收，降低了料肉比；改善和提高物料的加工性能。通过粉碎可使物料的粒度基本一致，减少混合均匀后的物料分级。对于微量元素及一些小组分物料，只有粉碎到一定的程度，保证其有足够的粒子数,才能满足混合均匀度要求;对于制粒加工工艺,粉碎物料的粒度必须考虑粉碎粒度与颗粒饲料的相互作用,粉碎的粒度会影响颗粒的耐久性。

3.粉碎粒度要求

对于不同的饲养对象、不同的饲养阶段,有不同的粒度要求,而这种要求差异较大。肉鸡:鸡采食小粒度饲料的增重显著高于采食大粒度饲料,肉鸡饲料中谷物的粉碎粒度在700～900微米。产蛋鸡:产蛋鸡对饲料的粉碎度反应不敏感,一般控制在1 000微米左右。

4.饲料的粉碎方法

(1)击碎粉碎(撞击力击碎):物料在瞬间受到外来的冲击而粉碎,它对于粉碎脆性物料最为有利,因其适应性广、生产率高,在饲料厂广泛应用。

(2)磨碎(碾磨力磨碎):用表面毛糙的磨盘做相对运动,对饲料进行切削和摩擦而破碎物料。

(3)压碎(挤压力压碎):物料置于两个粉碎面之间,施加压力后粉料因压力达到其抗压强度极限而被粉碎。

(4)锯切碎(剪切力剪碎):利用表面有齿的粉碎物体,使饲料受到一对平行相向力而剪碎。

(二)粉碎设备

1.锤片式粉碎机

该机利用高速、旋转的锤片撞击作用使物料破碎。除水分较高饲料外,几乎可粉碎所有饲料。

2.爪式粉碎机

主要利用撞击和剪切作用,撞击部件与设备固定,适合粉碎脆性硬质物料。

3.盘式粉碎机(盘磨)

利用摩擦与切削作用粉碎饲料。适用于粉碎干燥而不含油的饲料,可得较细的成品。

4.辊式粉碎机

常用两个表面带有横向斜齿的同径磨辊,因相向或不同速转动而产生的剪切、挤压作用将物料粉碎。适合粉碎谷物饲料,不适于粉碎含油或含水分大于18%的物料。

5.破饼机

将大块油饼破碎成小块,以后经粉碎机细碎。破饼机有锤片式及对辊式两种,锤片式机械结构简单,但噪声大,辊式的机械结构复杂。

三 配料计量

配料计量是按照预设的饲料配方要求,采用特定的饲料计量系统,对不同品种的原料进行投料及称量的工艺过程。

(一)配料计量系统

饲料配料计量系统指的是以配料秤为中心,包括配料仓、给料器、电机、传感器安装架、称重传感器、秤斗、秤斗门及其软连接,以及称重仪表、打印机、电控柜和工业控制计算机等显示控制系统组成。

按工作过程,配料计量秤可以分为连续式与分批式(间歇式)两类。容积式连续计量秤因其配料准确度不高,目前已被淘汰;重量式连续计量秤则因其称量准确度达不到配料工艺要求,目前在饲料厂中尚未采用。现今在饲料厂使用最为普遍的是重量分批式配料计量工艺。

电子配料秤的组成:电子配料秤主要由秤斗、传力连接件、称重传感器、重量显示仪表和电子线路(含电源、信号放大器、模数转换、调节元件、补偿元件等)组成。

(二)配料生产工艺

最常见的配料工艺流程有多仓数秤(多个配料秤)、多仓一秤和一仓一秤等几种形式。

1.一仓一秤

是在8～10个配料仓的小型饲料加工机组中,每个配料仓下配置一台重量式台秤。各台秤的秤量可以不同。作业时各台秤独立完成进料、称量和卸料的配料周期动作。这种工艺的优点是配料周期短、准确度高。但设备多、投资大、使用维护也较复杂。

2.多仓一秤

是在6～10个配料仓的小型饲料加工厂中,全部配料仓下仅配置一台电子配料秤。故目前这种工艺也应用不广。

各配料仓依次称量配料,配料周期相对较长,配料仓多了就有配料周期比混合周期长因而降低生产效率的问题;更重要的是小,配比(5%～20%)的原料称量时的误差很大,会降低产品的质量和增加生产成本。

一仓一秤工艺、多仓一秤工艺配料周期相对较长,配料周期比混合周期长因而降低生产效率,故目前这两种工艺均应用不广。

3.多仓双秤与多仓三秤

多仓三秤是在多仓双秤的基础上增加一台预混合载体的定量秤,其余工艺相同(图5-2)。

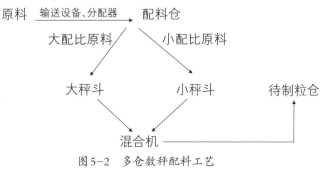

图 5-2　多仓数秤配料工艺

(四)　混合

混合是指饲料配方的各种成分,按规定的重量比例混合,经过加工使得整体中的每一小部分,甚至是一粒饲料,其成分比例都和配方所要求的一样。

在饲料生产中,主混合机的工作状况不仅决定着产品的质量,而且对生产线的生产能力也起着决定性的作用,因此被誉为饲料厂的"心脏"。

典型混合工艺流程以混合机为主体,上盖入口有3个,包括大小配料秤、人工添加口,旁侧有油脂添加接口、下面有出料缓冲斗,再经刮板输送机和斗式提升机输送。主要原料由大配料秤称重后进入混合机,含量在0.5% ～ 5.0%的小料,由小配料秤称重后进入混合机,量更少的添加剂及易潮解食盐等经称重后由人工添加口加入。大型混合机的顶盖上配有独立除尘系统,使混合机始终在微负压状态下工作,消除了混合机混合时产生的正压,从而免除了对配料称重精度产生影响。除尘的细粉同时又回到混合机内部,避免灰尘外溢。对于小型混合机只要求设计气流平衡管,以沟通配料秤与混合机,使装卸料时产生的气流往返于混合机与秤斗之间,这样就可以消除对配料精度产生的影响。混合机下设的缓冲斗的容量要比混合机容量大10%。

(一)混合设备

1.卧式螺带混合机

卧式螺带混合机,一般都设计成内、外两层螺带,内、外两层螺带分别为左、右螺旋。当一条螺带把物料由混合机的一端送向另一端时,另一条螺带则把物料做反向输送;在混合机设计中,内层螺带又宽于外层,因此在机内产生强烈的对流和剪切混合作用。大型混合机在其主轴上设有一条满面式绞龙,以取得良好的效果。外圈螺旋与机壳之间的间隙大小是影响混合机混合效果及卸料残留量的重要因素。

2.双轴桨叶式混合机

主要结构由传动机构、卧式筒体、双搅拌轴、液体添加装置和出料门及控制装置六部分组成。

双轴桨叶混合机内物料受两个相反旋转的转子作用,进行着复合运动,即物料在桨叶的带动下围绕着机壳做逆时针旋转运动,同时也带动物料上下翻动,在两个转子交叉重叠处形成失重区,在此区域内,不论物料的形状、大小和密度如何,都能使物料上浮处于瞬间失重状态,这使物料在机体内形成全方位的连续循环翻动,相互交错剪切,从而达到快速、柔和、混合均匀的效果。

3.其他混合设备

(1)抽拉式双轴桨叶混合机。

(2)立式螺旋混合机又叫立式绞龙混合机,主要由立式螺旋绞龙、机体、进出口和传动装置构成。

(3)立式行星锥形混合机主要由圆锥形壳体、螺旋工作部件、曲柄、减速电机、出料门等组成。

(二)混合要求

混合均匀度要求较高:配合饲料的混合均匀度变异系数≤10%,预混合饲料的混合均匀度变异系数≤5%。

混合时间要短:混合时间的长短,可影响到生产线的生产率。

机内残留率要低:配合饲料混合机内残留率≤1%,预混合饲料混合机内残留率≤0.8%。目前,先进机型的机内残留率在0.01%以下。

混合机要满足结构合理、简单、不漏料,便于检视、取样和清理等机械性能要求。

五 制粒设备与工艺

制粒是指通过机械作用将单一原料或配合混合料压实并挤压出模孔形成的颗粒状饲料称为制粒，多为圆柱状。

制粒的目的是将细碎的、易扬尘的、适口性差的和难以装运的饲料，利用制粒加工过程中的温度、水分和压力的作用制成颗粒料。可以根据不同畜、禽、鱼等不同生长期的需要，制备不同尺寸的颗粒饲料(图5-3)。

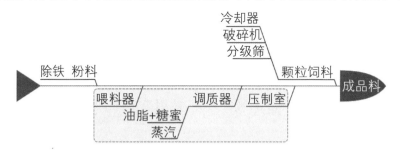

图5-3 制粒设备工艺流程

(一)颗粒饲料的优点

1.提高饲料消化率

在制粒过程中，由于水分、温度和压力的综合作用，使饲料发生一些理化反应，使淀粉糊化、酶的活性增强，能使被喂饲动物更有效地消化饲料，转化为体重的增加。用全价颗粒料喂养畜禽，与粉料相比，可提高转化率10%~12%。用颗粒料喂肉鸡可平均降低3%~10%的饲料成本。

2.减少动物挑食

配合饲料配方有多种原料，营养全面，可防止动物从粉料中挑选其爱吃的，拒绝摄入其他成分的现象。由于颗粒饲料在贮运和饲喂过程中可保持均一性，因此，可减少饲料损失8%~10%。

3.使得储存运输更为经济

制粒后一般会使饲料的散装密度增加40%~100%，可减少仓容、节省运输费用，适于大宗运输。

4.减少环境污染

①动物排泄物中的有机物可引起环境污染，通过改善营养物消化率可达到减少营养物质排泄量的效果；②制成颗粒后就不存在饲料成分的分级，颗粒料不易起尘，在喂饲过程中颗粒料对空气和水分的污染较粉料少得多。

5.杀灭动物饲料中的沙门菌

沙门菌被动物摄入体内后会保留在动物组织中,人食用感染这种细菌的动物有感染沙门菌肠胃病的风险。采用蒸汽高温调质再制粒的方法能杀灭存在动物饲料中的沙门菌。

6.流动性好,便于管理

由于颗粒饲料流动性好,很少产生黏附现象,减少了仓内的挂料、结块、灰尘,对于那些应用自动供料器的规模化饲养家禽的农场来说,颗粒饲料深受欢迎。

(二)颗粒饲料类型

1.硬颗粒

调质后的粉料经压模和压辊的挤压,通过模孔成形。其水分一般低于12%,相对密度为1.2~1.3,颗粒较硬,适用于多种动物。

2.软颗粒

含水量大于20%,以圆柱形为多。一般由使用单位自己生产,即做即用,也可风干使用。

3.膨化颗粒

粉料经调质后,在高温、高压下挤出模孔,密度<1。膨化颗粒饲料形状多样,适用于水产类动物、幼畜、观赏类动物等。

(三)硬颗粒饲料的技术要求

在颗粒饲料中,硬颗粒饲料占了相当大的比重,现仅介绍对硬颗粒饲料的质量要求。

1.感官指标

硬颗粒饲料产品的形状要求大小均匀,表面有光泽,没有裂纹,结构紧密,手感较硬。

2.物理指标

颗粒直径:根据饲喂动物种类而不同,雏禽为2.4毫米,成鸡或小鸡仔为3.2毫米,成年肉用鸡和种鸡为5.0毫米,产蛋鸡为1.8毫米;颗粒长度:通常颗粒饲料的长度为其直径的1.5~2.0倍,鸡饲料的长度要严格控制,过长会卡塞喉咙,导致窒息;颗粒水分:我国南方的颗粒饲料水分应≤12.5%,贮藏时间长的应更低,北方地区应≤13.5%;颗粒密度:颗粒结构越紧,密度越大,越能承受包装运输过程中的冲击而不破碎,产生的粉末越少,颗粒饲料的商品价值越有保证,但过度的坚硬会使制粒机产量下降,动力消耗增加,还使动物咀嚼费力。通常颗粒密度以1.2～1.3克/厘米^{3}为宜,一般颗粒能承受压强为90～2 000千帕,体积容量为0.60～0.75吨/厘米^3,具体数据因制粒或压块的物料种类而不同。

(四)制粒机械的分类

1.对辊式制粒机

其主要工作部件是一对反向、等速旋转的轧辊。它依靠轧辊的凹槽,使物料成型。因该机压缩作用时间短、颗粒强度较小、生产率低,一般应用较少。

2.螺旋制粒机

其主要部件是圆柱形或圆锥形的螺杆,它依靠螺杆对饲料挤压,通过模板成形,生产效率不高。我国多用其生产软颗粒饲料。

3.环模制粒机

其主要部件是环模和压辊,通过环模和压辊对物料的强烈挤压使粉料成形。它又可分为齿轮传动和皮带传动两种,是目前国内外使用的最多的机型,主要用于生产各种畜禽料、特种水产料和一些特殊物料的制粒。

4.平模制粒机

其主要工作部件是平模和压辊,结构较环模简单;但平模易损坏,磨损不均匀;国内的平模制粒机多为小型机,它较适用压制纤维型饲料。

(五)饲喂机

1.喂料器(给料器)

为保证从料仓来的物料能均匀地进入制粒机,通常采用螺旋输送机作为给料器来均匀地给制粒机喂料。由于开机、关机以及物料品种和模孔大小的变化,制粒机的给料量都是变化的,所以给料器要在一定范围内无级调速,通常选用电磁调速器来控制给料器的转速,一般控制在17～150转/分钟。

2.熟化调质(调制器)

通用型调质器的机构与连续混合机相同,喂料器将一恒定的粉状饲料均匀地喂入调质器。粉状饲料与蒸汽和其他需要添加的液体原料,如油脂、糖蜜等得到充分的混合,并将调质好的物料输送至压制室。调质器也称水热处理绞龙,它的主要作用是通过水、热处理,使物料中的淀粉糊化,蛋白质变性,物料软化,以便于制粒机提高制粒的质量和效果,并

改善饲料的适口性、稳定性,提高饲料的消化吸收率。

调质器主要由桨叶或绞龙和喷嘴组成,通常在调质器中喷入蒸汽、糖蜜或水,使物料在调质器内与添加物均匀混合并软化,调质的时间越长越好,一般畜禽饲料的调质时间在20秒左右,在这期间,粉状饲料吸收水蒸气中的热量和水分,使自身变软,有利于颗粒成形。对于特种动物、水产饲料为提高其质量,提高耐水性,一般要延长调质时间。这种调质器被称为延时调质器。延时调质器被设计能提供20分钟以上的调质时间,一般是通过多级调质,或通过改变普通调质器桨叶的转速来延长调质时间。

3.膨胀器

膨胀器是90年代兴起的一种新型调质器。它是利用膨胀器的高温、高压来实现调质的。膨胀器的结构类似于单螺杆螺旋,它是由一根厚的焊接的混料管和一个重型螺旋及蒸汽附件等组成。在出料口有一个圆锥形的排料阀,用来提供一个可调节的环状间隙,这个阀在膨胀器内建立的压力可超过76千克/厘米^2,在工作时,根据需要,通过液力传动,调节该阀及相应的工作压力,蒸汽在膨胀器的进口加入,此处温度可超过121℃。膨胀器一般安装在普通调质器后,调质器照常工作,保证液体和蒸汽混合,使用膨胀器有以下优点:①改进颗粒饲料质量,增加生产力;②提高制粒前的油脂和糖蜜的添加比例,液体添加量在15%~25%;③改进高谷物含量饲料的淀粉水解;④在高温、高压作用下,可减少或消除饲料中无用且有害的微生物、细菌和真菌。另外,膨胀器的造价较高,高温、高压也会影响饲料中的某些维生素、药品等有营养价值的物料。

(六)制粒工艺的其他设备

1.冷却器

粉状原料在调质器中吸收了来自蒸汽中的大量热能和水分,以及来自机械摩擦的附加热量,一般出机的颗粒料的温度在75~95℃,水分在14%~18%。这么高的温度和水分不便储存和运输,同时高温、高水的颗粒较软,容易粉化。因此,应及时将颗粒料进行冷却、去水,降低物料的温度,提高颗粒料的硬度。

当颗粒出机后,颗粒具有纤维状结构,使水分沿毛细管做由内向外的移动。一般的冷却器设计成使用周围空气与颗粒的外表面接触,通过空气的流动达到冷却目的。所以只要大气不呈饱和状态,它就会从颗粒料表面带走水分。水分在蒸发作用下脱离颗粒,同时使颗粒得到冷却。

空气吸收的热量并使空气加热,高温空气提高了载水能力。

因颗粒饲料的冷却是利用周围空气来进行冷却物料的。因此,颗粒排出冷却器的温度不会低于室温,一般认为比室温高3~5 ℃。水分能降至12%~13%(安全贮藏水分),使之便于破碎处理和贮运。

2.破粒机

大量现有证据表明,饲料结构对胃肠道(GIT)的功能、发育和健康有很大影响,进而影响家禽的生产性能。

不同的畜禽在不同的生长期,对颗粒饲料大小的要求是不同的,如喂养雏鸡就需要较小的颗粒饲料。若使用小孔径压模直接压制小颗粒,则产量低、动力消耗大。破粒机是将大颗粒(Φ3.0~Φ6.0毫米)破碎成小颗粒(Φ1.6~Φ2.5毫米)的专用设备。采用先压制大颗粒再用碎粒机破碎成小颗粒,可提高产量近2倍,大幅度降低了能耗,并提高了饲料厂全流程的生产效率。

破碎机工作原理与磨粉机相似,它是利用一对转速不等的轧辊做相对运动,当压制的颗粒经冷却器冷却后进入破碎机入口,再经已打开的活门进入两个轧辊中,通过两压辊上的锯形齿差速运动,对颗粒剪切及挤压而使其破碎,所需破碎粒度可通过调节两轧辊间距来获得。如不需破碎可推动操纵杆,使活门关闭,颗粒料从旁路通过,同时碰触行程开关,使电机断电停机。

3.颗粒分级筛

颗粒分级筛是制粒工段中的最后一道工序。当粉料被压制成形经冷却或颗粒料被破碎后,需经过分级筛提取合格的产品,把不合格的小颗粒或粉末筛出来重新制粒。并把几何尺寸大于合格产品的颗粒重新放回到破碎机中破碎。

分级筛是根据物料粒度大小进行筛选,必须选择适当的筛孔和相对运动速度,使物料能与筛面充分接触。在筛选过程中,凡大于筛孔尺寸、不能通过筛孔的物料称为筛上物,小于筛孔尺寸、穿过筛孔的物料称为筛下物。颗粒分级筛与一般分级筛的结构基本相同,结构比较简单。常用的分级筛有振动筛和平面回转筛两种。平面回转筛又分平面回转运动和平面回转及纵向水平振动结合两种。振动筛产量小,一般用于小型饲料厂;回转筛产量大,一般用于大型饲料厂。根据饲料的品种、颗粒的粒径大小及破碎情况来选用和配置分级筛的筛网。图5-4为对蛋鸡日粮进行筛分后的饲料颗粒分布。

图5-4　蛋鸡日粮饲料筛后颗粒分布

六　饲料挤压膨化

膨化是将配合好的粉状原料,由蒸汽调质后,经膨化机挤压,在物料从模孔中排出的一瞬间迅速膨胀,并被切断成为一种多孔质的颗粒饲料制品的过程。

含有一定温度和水分的物质,在挤压膨化机的螺套内受到螺杆的挤压推动作用和卸料模具或螺套内节流装置的反向阻滞作用,另外,还受到来自于外部的加热或物料与螺杆和螺套的内部摩擦热的作用,此综合作用的结果是使物料处于3~8兆帕的高压和200℃左右的高温状态之下。如此高的压力超过了挤压温度下的饱和蒸汽压,所以在挤压机螺套内水分不会沸腾蒸发,在如此的高温下物料呈现熔融的状态。一旦物料由模具口挤出,压力骤然降为常压。水分便发生急骤的蒸发,产生了类似于"爆炸"的情况。产品随之膨胀,水分从物料中散失,带走了大量热量。使物料在瞬间从挤压时的高温迅速降至80℃左右。从而使物料固化定型,并保持膨化后的形状。

在膨化生产工艺中,物料在膨化加工前要进行良好的调质,根据饲养对象的不同,如生产浮性、慢沉性和沉性饲料时,都要加入不同量的饱和水蒸气,使物料达到一定的温度和湿度(含水量),并且含水量的多少直接影响到物料的糊化程度和沉浮性能,另外再经过膨化螺杆的高温高压作用,使物料变成了熔融状。刚出机的产品水分在22%~28%,温度在80~135℃。这样高的产品一般较软,不便贮存与运输。另外,这样的条件物料也没有完全糊化。为提高物料的硬度和糊化度,一定要对膨化产品进行后熟化处理,即干燥和冷却。

七 液体饲料添加设备

液体饲料是一种高能量、高营养的饲料,也是一种补充饲料,它用量较少,但所起的作用较大。畜禽对液体饲料容易消化吸收,增重、抗病效果明显。液体饲料有油脂、糖蜜、氯化胆碱、蛋氨酸,以及水溶性和脂溶性维生素、矿物质、尿素、防腐剂、抗氧化剂等。但常见的是添加油脂、糖蜜和液态蛋氨酸。

液体饲料的添加方式是多样的,可在混合机、调质器、压制室内添加;也可在颗粒表面喷涂或真空液体喷涂;也有在喂饲现场添加的,如在牛羊饲槽、家禽饮水器内添加等。饲料厂常用的是在混合机内添加和颗粒表面喷涂。

液体饲料具有一定黏度,黏度大小与温度有关,黏度太大影响输送和雾化,所以需要设加温装置,并常以齿轮泵作为输送及雾化的动力。液体添加设备有储罐、加温装置、泵、过滤器、计量器、管道、阀门、喷嘴及电控柜等。

八 预混合饲料生产技术

预混合饲料是由一种或多种饲料添加剂与载体或稀释剂按一定比例配制而成的均匀混合物,也称为"添加剂预混合饲料"。一般都是将添加剂作为原料,生产出各类预混合饲料,再使用于配合饲料中。预混合饲料是一种中间过渡产品,而不是最终产品,生产预混合饲料的目的是为了获得保证产品质量的配合饲料。预混合饲料是全价配合饲料的重要组成部分,也是提高饲料产品质量的关键部分。

九 饲料包装与贮藏

(一)包装

1.目的

品质和安全,用户使用方便;外观、标志和品牌;便于存放,防止变质、虫害等。

2.要求

防潮、防陈化、防虫等;包装严密、无破损,大小适宜,便于装料和封口。

(二)电脑定量包装秤

1. 系统组成

电脑定量包装秤是新一代定量包装设备。秤的结构主要由给料系统、称重系统、秤斗打包筒和自动控制系统组成。

2. 给料系统

分为带式给料和螺旋给料两种类型,采用双速电机来实现快速加料和慢速加料,可保证称重精度和称重速度。

3. 称重系统

由称量斗和传感器组成。

秤斗—传感器—夹袋机构—气动卸料门—夹紧机构松开袋口。

4. 缝口机和输送机

缝口机是将缝纫机头安装在可调整机头高低的机座上。启动、缝口、割线和停止。

5. 充氮包装

指将食品装入包装袋,充入氮气等惰性气体,完成封口。空气中氧气约占21%,充氮包装使得包装袋内的氧气含量降至2%~5%。

6. 输送

有平胶带输送机、V形胶带输送机。

(三)贮藏

要求通风、防潮。

颗粒饲料因水分少,孔隙度大,故易保存,不易发霉,只要避光,即可防止养分的损失。

粉状饲料一般不宜久存,因其表面积大、孔隙度小、导热性差,易吸湿发霉和害虫繁殖。

参考文献

[1] 全国三绿工程工作办公室组.安全优质肉鸡的生产与加工[M].北京:中国农业出版社,2005.

[2] 杨维仁.新编肉鸡饲料配方600例[M].北京:化学工业出版社,2010.

[3] 萨仁娜,张宏福.鸡饲料营养配方7日通[M].北京:中国农业出版社,2012.

[4] 张海军.肉鸡饲料调制加工与配方集萃[M].北京:中国农业科学技术出版社,2013.

〔5〕武书庚.蛋鸡饲料调制加工与配方集萃[M].北京:中国农业科学技术出版社,2013.

〔6〕郑长山,李茜.优质鸡蛋生产技术[M].北京:中国农业科学技术出版社,2015.

第六章

无公害鸭与鹅饲料的
配制与加工

▶ 第一节 鸭与鹅的消化特点

一 鸭、鹅消化系统各部位的结构和特点

鸭、鹅的消化系统由消化管和消化腺组成,主要包括喙、口腔、舌、咽、食管、食管膨大部、腺胃、肌胃、小肠、大肠、泄殖腔、肝脏、胰腺、胆囊。鸭、鹅缺少唇、齿、软腭和结肠部位(图6-1)。

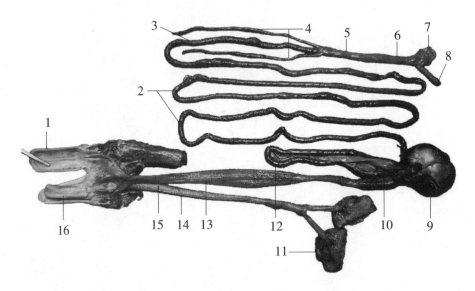

图6-1 鸭消化道图示

1-上喙;2-空肠;3-回肠;4-盲肠;5-直肠前段;6-直肠后段;7-肛门;8-腔上囊;
9-肌胃;10-胰腺;11-肺;12-十二指肠;13-食管膨大部;14-气管;15-食管前段;16-舌
资料来源:李健,郁川,张旻,等.鸭解剖组织彩色图谱[M].北京:化学工业出版社.2016.

(一)喙

鸭、鹅具有角质化的喙,与鸡相比较长且扁平,其尖端钝圆。喙被覆有角质膜,大部分为较厚而又柔软的皮肤,称为蜡膜。喙的边缘有许多横脊,这种结构便于在水中采食时将水滤出并把食物留下压碎。上喙尖端还有一坚硬的豆状突起,称为喙豆。鸭、鹅无牙齿,依靠喙将饲料撕碎。

(二)口腔、舌和咽

鸭、鹅的口腔无唇、软腭、颊及齿等结构,口腔的顶壁为硬腭,正中线上有腭裂,向后连鼻后孔。硬腭向后与咽的顶壁直接相连接,合称口咽腔。咽腔位于舌根后界与食管之间,下颌间隙后部。鸭舌和鹅舌位于口咽底壁,主要包括后端的舌根和前端的舌尖,二者之间有舌系带。水禽的舌相对鸡较长而柔软,内有发达的舌内骨,采食时舌参与吞咽。鸭口腔内的唾液腺不发达,分泌唾液能力较差,因而采食时常常需饮水,以湿润食物,帮助吞咽。鹅口咽黏膜下有丰富的唾液腺,这些腺体很小,但数量很多,能分泌黏液,有导管开口于口咽的黏膜面。鸭和鹅的吞咽主要是抬头伸颈时食物的重力和食管负压综合作用的结果。

(三)食管和食管膨大部

鸭、鹅的食管是一条从咽到胃的细长而富有弹性的管道,食管壁由外膜、肌膜和黏膜构成。食管下端为膨大部,呈纺锤形,可贮存大量纤维性饲料,因而具有很强的耐粗饲和觅食能力,食管下端膨大部不仅可贮存食物,还能将其润滑并软化。鸭、鹅的食管膨大部类似于鸡的嗉囊,但不形成膨大盲囊。食物在膨大部一般停留3~4小时后,由食管有节律地把饲料推送到胃中。鸭和鹅吞咽食物时,抬头伸颈,借助重力、食管壁肌肉的收缩力及食管内的负压,将食物和水咽下,到达食管膨大部并停留,再逐渐向后流入胃内。

(四)胃

鸭、鹅的胃分为腺胃和肌胃。腺胃又叫前胃,呈纺锤形,壁比较厚,容积较小,储存食物有限。腺胃是一个前端偏细、后端逐渐变大的袋状器官,位于腹腔前腹部的左上部。腺胃黏膜表面乳头上分布着发达的腺体,能分泌盐酸、黏蛋白及蛋白酶等,可将食物进行初步消化,初步消化后混合物由贲门进入肌胃。

肌胃又称砂胃,前接腺胃,后通十二指肠。肌胃的肌肉壁很厚,收缩

力强,主要对食物进行机械性消化,收缩时能产生很大的压力(鸭约24千帕,鹅约32千帕)。肌胃壁大多由平滑肌构成,因肌红蛋白特别丰富而呈暗红色。肌胃内角质膜坚硬,呈黄色角质膜,俗称"内金",相当于齿的作用。肌胃内的沙砾有助于食物的磨碎,如果肌胃中沙砾缺乏,则饲料在肌胃中的消化率下降25%~30%,故在日常饲喂过程中要注意添加适量的沙砾,以帮助消化。经胃消化后的食物借助肌胃的收缩力,经幽门进入小肠。

(五)小肠

小肠分为十二指肠、空肠和回肠,整个小肠占肠道总长度的90%。十二指肠前端与肌胃的幽门相通,后端与空回肠相通。在盘曲的十二指肠中间夹着粉红色的胰腺,胰腺有两条导管,与胆管一起开口于十二指肠与空肠的交界处。空肠是肠管中最长的一段,悬吊于空肠系膜上。空肠和回肠之间无明显差异,一般以卵黄囊憩室为分界线,向上靠近十二指肠的为空肠,向下与大肠相连的为回肠。食物中的营养物质主要在小肠中进行消化和吸收,小肠壁内的肠腺能分泌多种消化酶,如淀粉酶、蛋白酶、凝乳酶等促进食物的化学消化。同时,小肠的黏膜形成无数的皱襞和绒毛凸起,绒毛结构使小肠内的面积大大增加,对消化液的分泌和食物的彻底分解与消化吸收具有重要的意义。经小肠消化的食物残渣通过小肠的蠕动和分节运动被送入大肠。

鸭和鹅的大肠由一对发达的盲肠和一段短而直的直肠构成,没有结肠结构。回盲口可作为小肠和大肠的分界线。鸭、鹅的盲肠较为发达,尤其是鹅。盲肠左、右各一条长20~30厘米,呈盲管状,盲端游离。盲肠的肠管外径变化较大,起始都较细,近盲端较粗,内有发达的淋巴组织,形成所谓的盲肠扁桃体,能将小肠内未被消化的食物尤其是粗纤维进一步消化,并能吸收水和部分电解质。正是由于发达的盲肠存在,鸭、鹅能消化一定量的粗饲料。与鸡相比,鸭和鹅的盲肠对纤维素的分解和吸收作用更重要。若鸭和鹅的盲肠切除,会引起纤维素消化率下降,粪便含水量升高。盲肠内有细菌和微生物,可分解食糜中的蛋白质和氨基酸,并利用非蛋白氮合成菌体蛋白质以及B族维生素和维生素K。回盲口的后方是直肠,直肠较短,长10~18厘米,末端连接泄殖腔。食物残渣在直肠中被吸收水分形成粪便后进入泄殖腔,排出体外。

(六)泄殖腔

泄殖腔是消化、泌尿和生殖三个系统的共同通道。泄殖腔略呈球形,内腔面有3个横向的环形黏膜褶,将泄殖腔分为3部分,前部为粪道,与直肠相通;中部为泄殖腔,输尿管、输精管或输卵管在这里开口;后部为肛道,肛道壁内有肛腺,分泌黏液,肛道的背侧壁上有腔上囊(法氏囊)的开口,肛道向后通肛门。

(七)肝脏、胆囊和胰腺

肝脏是鸭、鹅体内最大的消化腺,分为左、右两叶,右叶明显大于左叶。肝脏左、右两叶肝管分别与十二指肠末端、胆管相连。右侧的胆管膨大形成胆囊,胆囊储存着肝脏分泌的胆汁,然后通过胆管排入小肠。胆汁是一种稍黏、味苦的黄绿色液体,其中虽然不含有消化酶,但是能增强脂肪酶的活性,使脂肪乳化帮助消化脂肪,有利于鸭和鹅脂肪和脂溶性维生素的吸收。当十二指肠有食物时,胆囊即时收缩并排空胆汁,使之进入肠道。右侧的胆管没有扩张,肝分泌的胆汁直接同胆管内的胆汁一起进入小肠中。鸭、鹅的肝脏可以合成并贮存大量的脂肪,这对于形成脂肪肝是有利的。通过人工填喂的方式使鸭肝脏增重到原来的5~6倍,鹅肝脏增重到原来的10~15倍。此外,肝脏还参与蛋白质、糖原的合成与分解代谢,能储存一部分的糖、蛋白质、多种维生素和少量的铁元素,并有一定的解毒功能。食物中的营养物质在肠道中被分解成小分子后,被小肠绒毛的毛细血管和淋巴管末端吸收,经肝脏的门静脉流回心脏,再经血液循环转送到全身各处。

胰腺位于十二指肠降部和升部之间的系膜内,呈淡粉色,分为背叶、腹叶和脾叶。胰腺色泽淡黄或粉红色,近似三棱形,外观完整,质地柔软。胰腺有两根导管,并同胆管一起开口于十二指肠末端。胰腺分泌胰液,其中含有多种消化酶,包括淀粉酶、蛋白分解酶和脂肪分解酶,排入十二指肠消化食物。当鸭、鹅的胰液分泌不足时会造成消化不良。在胰腺、胰泡之间,呈团块状分布着众多的胰岛,分泌胰岛素和胰高血糖素等激素,随着静脉血液循环。

二 饲料消化方式和过程

鸭和鹅消化饲料主要有机械降解、化学降解和微生物消化3种方法。

在鸭、鹅机械性消化过程中,首先是扁平状喙边缘粗糙面的小型角质齿切断饲料;其次,消化道管壁的肌肉将食物压扁、撕碎、研磨,增加食物的表面积,易于与消化液充分混合,并将食糜从消化道的一个部位运送到另一个部位。鸭和鹅的肌胃壁具有强有力的收缩能力以磨碎食物,

肌胃内壁衬具有坚硬的角质层增加了机械降解饲料的能力,进入肌胃中的砂石也能较好地促进食物的机械性降解。除鸭和鹅自身消化食物过程中的机械降解,在饲料加工的过程中利用机械设备将大块或整粒的饲料原料进行粉碎处理也有助于鸭和鹅对饲料的消化。

化学降解主要是指消化酶的酶促反应和无机化学反应(酸水解过程),经过化学降解的食物转变成其相应的化学组成物质,如单糖、氨基酸和脂肪酸等。鸭和鹅的各种消化酶由消化道腺体和消化道相关的分泌器官分泌。唾液腺除分泌黏液湿润食物外,还分泌α-淀粉酶。腺胃中的腺体,能分泌盐酸对食物进行化学消化,还可以激活一些消化酶原。腺胃也分泌胃蛋白酶、淀粉酶及脂肪酶等。小肠主要分泌肽酶、二糖酶及脂肪酶。肝脏分泌的胆汁可以乳化脂肪,促进脂肪吸收。胰腺分泌的胰液中含有大量的水解酶原(主要包括胰蛋白酶原、糜蛋白酶原、羧肽酶)、淀粉酶、DNA酶、RNA酶、胆固醇酯酶、脂肪酶和磷脂酶。各种消化酶通过导管系统由外分泌腺分泌入肠道,所有的消化酶均是水解酶,在水的作用下使食物中的各种营养大分子中的化学键断裂。幼年鸭、鹅的消化腺发育和分泌机能远不如成年水禽,如果在饲料中添加适宜的消化酶制剂将有助于提高饲料的消化率。

微生物消化是指消化道中的微生物对食物进行消化降解,在这个过程中微生物起着积极的作用,尤其对粗饲料的利用起着积极的作用。在鸭和鹅的大肠、盲肠及食管的膨大部都有微生物存在。微生物消化过程中会产生代谢产物,形成微生物、代谢产物和宿主之间的相互作用和影响,促进鸭和鹅对食物的消化和吸收。

三 营养物质的吸收

饲料中营养物质在水禽消化道中经机械降解、化学降解和微生物消化,成为小的单体物质(氨基酸、单糖、双糖和脂肪酸等),这些营养物质经消化道上皮细胞进入血液或淋巴的过程称为吸收。

鸭和鹅的营养物质的吸收主要有两种方式:被动吸收和主动吸收。简单的肽、各种离子、电解质、水等通过被动吸收的方式被利用,主要经消化道上皮的过滤、扩散和渗透作用。主动吸收是水禽吸收营养物质的主要方式,绝大多数有机物质通过主动吸收被利用。蛋白质的吸收主要以小肠上2/3的吸收为主。各种氨基酸的吸收速度各有不同,大部分氨基酸主要从门静脉系统到肝脏。只有少量的氨基酸经过淋巴转运吸收。碳水化合物主要在十二指肠被吸收,饲料在十二指肠与胰腺、肠液、胆汁混合,饲料中营养性多糖基本都被分解成二糖,然后由肠黏膜产生的二糖酶彻底分解成单糖而吸收。脂类吸收的主要部位在空肠,固醇、脂溶性维生素等非极性物质通过胆盐微粒吸收,短链和中等链长的脂肪酸经门静脉转运而吸收。

▶ 第二节　鸭与鹅的营养需要

一　鸭、鹅的营养需要特点

为了科学合理地饲养水禽,既要充分发挥它们的生产力,又不能浪费饲料,就必须给水禽对各种营养物质的需要量确定一个标准,以便实际饲养时参考利用。在饲料和饲养环境都比较理想的条件下进行控制试验,并获得最佳增重、产蛋等要求时,对营养物质的需要量叫作营养需要标准。营养需要标准是在理想的条件下得到的,因此被认为是最低需要量。在条件不理想的状况下要获得相同的生产性能,对养分的需要量就有所增加。

(一)能量

鸭和鹅所需最主要的能量来源于碳水化合物,包括淀粉、糖类和粗纤维。淀粉和糖类在谷实、块根、块茎中含量丰富,比较容易被消化吸收,营养价值高,是鸭和鹅热能和育肥的主要营养来源。粗纤维的成分主要是纤维素、半纤维素和木质素,通常在秸秆和秕壳中含量最多,纤维素通过消化最终被分解为单糖,供鸭和鹅吸收与利用。粗纤维是鸭和鹅的重要能量来源,采食粗纤维可起到填充作用,并促进胃肠的发育和蠕动,对维持水禽的健康具有重要意义。在腺胃提供的酸性环境、肠液提供的碱性环境和盲肠中纤维素分解菌三者的协同作用下消化并利用纤维素。但日粮中的添加量不宜过多,太多会降低饲料利用率,一般日粮中的粗纤维含量为2.5%~3.0%。

脂肪是鸭和鹅的重要供能物质,且适宜的脂肪含量能增加饲料的适口性和消化率。在肉鸭和肉鹅日粮中添加1%~2%的油脂满足其高能量的需要,同时也能提高能量的利用率和抗热应激能力。但在生产中,饲粮或日粮中脂肪含量过高会导致饲料的酸败变质,影响适口性和产品质

量。蛋白质一般在鸭和鹅能量供应不足的情况下才分解供能，但其能量利用的效率不如脂肪和碳水化合物，还会增加肝、肾负担。因此，在配制日粮时，需将能量与蛋白质控制在适宜水平。

鸭和鹅对能量的需要受品种、性别、生长阶段等不同因素的影响。一般肉用品种比同体重蛋用品种的基础代谢产热高，用于维持需要的能量多；公鸭和公鹅的维持需要比母鸭和母鹅的高；产蛋期能量需要高于非产蛋期的能量需要。鸭和鹅对能量的需要受饲养水平、饲养方式及环境温度等因素的影响。

（二）蛋白质

鸭、鹅采食饲料中的蛋白质经过胃液和肠液中蛋白酶的作用，最终以氨基酸的形式被机体吸收和利用。氨基酸的种类和水平直接决定蛋白质的营养水平。鸭和鹅的必需氨基酸是蛋氨酸、赖氨酸、色氨酸、组氨酸、精氨酸、亮氨酸、异亮氨酸、苯丙氨酸、缬氨酸、苏氨酸和甘氨酸。如果必需氨基酸中的一种或几种低于鸭和鹅的需要量，则会限制鸭和鹅对其他氨基酸的利用，影响整个日粮的利用率。这类氨基酸被称为限制性氨基酸。在玉米–豆粕型日粮中，限制性氨基酸的次序一般为蛋氨酸、赖氨酸、苏氨酸和色氨酸。在饲料中添加赖氨酸和蛋氨酸能有效地提高饲料中蛋白质的利用率，赖氨酸和蛋氨酸又称为蛋白质饲料的强化剂。必需氨基酸只有数量足够、比例适当，蛋白质才能发挥最大的效用。饲养实践中也应按照限制性氨基酸缺乏程度，通过添加不同量合成氨基酸的方法获得氨基酸的平衡。

非必需氨基酸中的胱氨酸可部分代替蛋氨酸，酪氨酸可部分代替苯丙氨酸，丝氨酸可部分代替甘氨酸。实际生产中胱氨酸、酪氨酸和丝氨酸不足时，实质上增加了必需氨基酸——蛋氨酸、苯丙氨酸和甘氨酸的需要量，所以饲粮中胱氨酸、酪氨酸和丝氨酸的量往往都分别与蛋氨酸、苯丙氨酸、甘氨酸合并考虑。当饲粮中缺乏一种或几种限制性氨基酸时，鸭和鹅的生长缓慢、羽毛生长不良、性成熟晚、产蛋率降低、蛋重小。蛋白质和氨基酸过多时，不能被利用的都合成尿酸盐后排出体外。鸭和鹅对蛋白质、氨基酸的需要量受多种因素影响，主要包括饲养水平、生产力水平、遗传性和饲料因素。在鸭和鹅蛋白质利用过程中应充分考虑多方面的影响。

（三）矿物质

矿物质缺乏或不足会导致鸭和鹅严重的物质代谢障碍，生产力降低,甚至导致死亡。但矿物质过多则会引起机体代谢紊乱,严重时会引起中毒或死亡。因此,日粮中提供的矿物元素含量必须符合鸭和鹅的营养需要。

1. 钙和磷

钙和磷是鸭、鹅需要量最多的两种矿物质元素,占体内矿物质总量的65%～70%。鸭和鹅机体90%以上的钙存在于骨骼中,剩余的钙存在于血液、淋巴液及其他组织中。钙在维持神经、肌肉、心脏的正常生理功能,以及调节酸碱平衡,促进血液凝固,形成蛋壳等方面都具有重要作用。鸭、鹅缺钙时,会出现佝偻病和软骨病,生长停滞,产蛋减少,蛋壳变薄或软皮蛋。一般鸭饲粮中钙含量为0.8%～1.0%,蛋鸭、种鸭产蛋期为2.5%～3.5%,雏鹅日粮中钙含量为1.0%,种鹅为3.2%～3.5%。饲粮中的钙与能量浓度有一定的关系,一般饲粮中能量高时,含钙量也适当地增加。但含钙量过高会影响对矿物元素镁、锰、锌等元素的吸收,对鸭和鹅的生长发育和生产不利。在生产中,一般谷类饲料和糠麸中含钙较少,配制饲粮时必须补充含钙饲料,如磷酸氢钙、骨粉、蛋壳粉、贝壳粉和石粉。磷作为骨骼的组成元素,其含量仅次于钙。骨骼中的磷占全身总磷的80%左右,其余的磷分布于各器官组织和体液中,也是构成蛋壳和蛋黄的原料。磷在钙的吸收利用、酸碱平衡、碳水化合物与脂肪代谢等方面起着重要作用。缺磷时,往往表现出食欲减退、异食癖,生长缓慢;严重时关节硬化,骨脆易碎。产蛋期产蛋量明显下降,甚至停产,蛋壳变薄。鸭饲料中的总磷需要量为0.4%～0.6%,鹅饲料中的总磷需要量为0.70%～0.75%。

2. 钠和氯

钠和氯是鸭、鹅血液、体液的主要成分,它们维持体内渗透压、水、pH平衡,同时与调节心脏肌肉活动、蛋白质代谢有着密切关系。鸭、鹅没有贮存钠的能力,很容易缺乏,进而表现为采食量减少、生长缓慢、产蛋率下降并发生啄癖。一般植物性饲料中缺乏钠和氯,通常以食盐的方式供给。鸭和鹅食盐的需要量一般为日粮的0.25%～0.50%,不宜超过0.50%。在饲粮中补充食盐时,要考虑鱼粉和贝壳粉的含盐量,含盐量过多会引起食盐中毒。钾有类似钠的功能,维持水分和渗透压平衡,并对红细胞和肌肉的生长发育具有特殊功能。植物饲料中的钾含量丰富,不必额外补充。

3. 镁

镁是鸭和鹅体内含量较高的矿物元素,主要处于骨髓中(约占体内镁的70%),其余存在体液、软组织和蛋壳中。镁是骨骼的组成成分,也是机体许多酶的激活剂,同时具有抑制神经兴奋的功能。镁元素缺乏时,造成鹅的神经、肌肉兴奋性增加,产生"缺镁痉挛症",表现为肌肉痉挛、步态蹒跚、神经过敏、生长受阻,种鸭或种鹅产蛋量下降。植物性饲料中的镁含量丰富,一般不需要额外补充镁。过量的食入钾会阻碍镁的吸收,过量食入钙、磷也会影响镁的利用。

4. 铁、铜和钴

铁、铜和钴这三种微量元素都与机体的造血机能有关。铁是组成血红蛋白、肌红蛋白、细胞色素及多种氧化酶的重要成分,铁不足时会造成贫血的发生。铜与铁的代谢有关,共同参与血红蛋白的形成,还促进红细胞的成熟。缺铜时即使铁含量丰富,仍会发生贫血。缺铜也会导致佝偻病和骨质疏松,不利于钙、磷在软骨基质上沉积,影响骨骼正常发育。缺铜损害动脉血管弹性,使血管易破裂,对羽毛色泽及中枢神经也都有影响。每千克饲料中,鸭和鹅对铁的需要量为60~80毫克,对铜的需要量为5~8毫克。日粮中一般利用硫酸亚铁、氯化铁、硫酸铜等来防止鸭、鹅发生铁和铜的缺乏症。钴是维生素B_{12}的组成成分,促进血红素的形成,预防贫血病,提高饲料的利用率并具有促进生长的作用。缺钴时一般表现为生长缓慢、贫血、骨粗短症、关节肿大。鸭和鹅的日粮中一般含钴量不少,加之需要量较低,故不易出现缺钴现象。

5. 锰

锰是鸭和鹅生长所必需的微量元素,主要存在于血液和肝脏中,是蛋白质、脂类和碳水化合物代谢一些关键酶的组成成分,具有促进骨骼正常生长发育的作用,有增加蛋壳强度的作用。缺锰时典型的症状是软骨发育不良,表现为短腿,胫骨与跗骨接头处肿胀,使后跟腱从踝状突滑出,不能站立,呈现出"骨短粗症"或"滑腱症"。成年鸭和鹅的产蛋量下降,种蛋孵化率降低,产薄壳蛋,死胚增加。饲料一般不易缺锰,但钙、磷含量过多,会影响锰的吸收,加重锰的缺乏症。

6. 锌

锌在鸭、鹅体内的含量很少,但广泛分布在肌肉、内脏器官、羽毛和骨骼中。锌是多种金属酶类和胰岛素的组成成分,参与蛋白质、脂肪和碳水化合物的代谢,参与核糖核苷酸、脱氧核糖核苷酸的生物合成。锌含量和羽毛生长、皮肤健康、骨骼发育和繁殖机能都有关。鸭对锌的需要量为日粮中50~60毫克/千克,鹅对锌的需要量为日粮中40~80毫克/千克。缺锌时表现为食欲不振、生长缓慢、羽毛生长不良、诱导皮炎、产软壳蛋、孵化率低、胚胎死亡或发生畸形。钙和锌存在拮抗作用,日粮中钙过多会增加鹅对锌的需要量。饲粮中补锌一般用硫酸锌或氧化锌。

7.硒

硒是生命活动所必需的微量元素,在机体组织中广泛分布,具有强效的抗氧化、抗炎、抗衰老、预防癌症、提高免疫力和解毒排毒等多种生物学功能,对健康有多重而复杂的影响。硒主要通过硒蛋白发挥其生物学功能,家禽中鉴定出24种硒蛋白。这些硒蛋白根据其功能进行命名,主要有谷胱甘肽过氧化物酶(GPX_1、GPX_2、GPX_3、GPX_4和GPX_6),硫氧还蛋白还原酶($TXNRD_1$、$TXNRD_2$和$TXNRD_3$),脱碘酶(DIO_1、DIO_2和DIO_3),蛋氨酸亚砜还原酶B_1($MSRB_1$)和硒磷酸合成酶2($SEPHS_2$)。其他的硒蛋白大多数呈现出氧化还原酶的功能。硒的需要量阈值范围比较窄,与健康的关系呈现"U"形,过少或过多都严重影响机体健康。鸭和鹅硒缺乏时表现出典型的渗出性素质病,皮肤呈淡绿色或淡蓝色,皮下水肿出血,全身表现出炎症,肌肉萎缩、肝脏坏死、胰腺萎缩,易发生脑软化病、白肌病,并造成免疫力低下,产蛋率和孵化率降低。急性硒中毒的鸭主要表现为精神沉郁,呼吸急促,且发出"咯咯"的叫声,运动失调,倒地,头肿大,眼结膜潮红,离群,鼻流出砖红色液体,排出绿色或白色水样稀粪。慢性硒中毒表现出食欲减退,精神不振,羽毛粗乱,体重下降,发育迟缓,但死亡较少。鸭对硒的需要量为0.12~0.25毫克/千克,鹅的一般需要量为0.15毫克/千克。

(四)维生素

1.维生素A

维生素A又称抗干眼病维生素,包括维生素、视黄醛、视黄酸,在空气和光线下易氧化分解。维生素A维持鸭和鹅的视觉神经的正常生理功能,维护上皮黏膜的正常功能,促进骨髓的正常生长发育,还能增加鸭和鹅的抗病力和免疫力,提高产蛋率和孵化率。缺乏维生素A时,易患夜盲症,泪腺上皮细胞角化且分泌减少,发生干眼症,甚至失明;鸭和鹅的生长发育受到阻碍,精神不振,瘦弱,羽毛蓬松,骨骼发育不良,运动失调;成年鸭和鹅的产蛋率下降,种蛋的受精率和孵化率降低;群体的抗病能

力减弱,发病率和死亡率显著增加。

维生素A仅存在于动物体内,在鱼肝油、蛋黄、肝粉、鱼粉中。植物性饲料中仅含有胡萝卜素,又称维生素A原。胡萝卜素经肝脏和肠壁胡萝卜素酶的作用可不同程度地转变为维生素A,其中β-胡萝卜素的生物活性最高。青绿饲料、黄玉米、胡萝卜中含有少量的胡萝卜素。维生素A的需要量通常以国际单位计算,鹅的最低维生素A需要量一般为每千克日粮1 000～5 000国际单位;雏鸭每千克饲料应含6 000～8 000国际单位;育成鸭为4 000国际单位;蛋鸭及种鸭为8 000～10 000国际单位。

2. 维生素D

维生素D又称为钙化醇,为类固醇衍生物。维生素D能促进钙、磷在肠道中的吸收,调控钙、磷代谢,促进骨骼的形成和发育,使其最终成为骨质和蛋壳的基本结构。维生素D还能促进蛋白质合成,提高机体免疫功能。对鸭和鹅有营养作用的是维生素D_2和维生素D_3,其中维生素D_3的效能比维生素D_2的高30～40倍。维生素D_3在鱼肝油中含量较多,主要来源还有酵母、蛋黄、肝脏及青饲料中的麦角固醇。鸭皮下和羽毛中的7-脱氢胆固醇经紫外线照射产生维生素D,故长期舍饲的鸭和鹅缺乏阳光照射时,有时会出现维生素D缺乏。在集约化饲养时,注意维生素D的补充,放牧饲养时则不易缺乏。

维生素D缺乏将导致钙、磷代谢障碍,发生佝偻病、骨软化症、关节变形、肋骨弯曲、产软壳蛋和薄壳蛋。日粮中钙、磷比例与维生素D的需要量的多少有关,钙、磷比例越符合机体需要,所需的维生素D量越少。每千克饲料中,鸭的维生素D需要量为400～600国际单位,鹅的维生素D需要量为200～300国际单位。

3. 维生素E

维生素E又称生育酚,有α、β、γ、δ四种结构。维生素E具有很强的抗氧化作用,对鸭的消化道及机体组织中的维生素A具有保护作用,以及维护生物膜的完整性,保护生殖机能,提高机体免疫力和抗应激能力的作用,并与神经、肌肉的组织代谢有关。维生素E缺乏时,易发生脑软化症,呈现共济失调、头向后或向下退缩、有时伴有侧方扭转、步态不稳,死亡率高。维生素E缺乏时毛细血管通透性增强,发生渗出性素质,引起皮下水肿;肌肉营养不良,易发生白肌病;种鸭和种鹅的繁殖机能紊乱,产蛋率和受精率下降,胚胎死亡率提高。维生素E与硒存在协同作用,能减轻缺硒引起的缺乏症。维生素E和维生素A的吸收存在竞争,因此维生素A用量加大时,须同时加大维生素E的供给量。维生素E在早期籽实饲料的胚芽中含量丰富,青饲料中含量也较多,一般每千克饲料中需15～30国际单位。鸭和鹅的维生素E需要量为每千克饲料添加40～50国际单位。

4. 维生素K

维生素K又称为抗出血维生素或凝血维生素,有维生素K_1、维生素K_2、维生素K_3三种形式,其中维生素K_1、维生素K_2是天然的,维生素K_3是人工合成的,能部分溶于水。维生素K的主要生理功能是促进凝血酶原及凝血质的合成,维持正常的凝血时间。维生素K缺乏时,鸭和鹅的凝血时间延长或血流不止,导致贫血症,生长缓慢。幼雏出壳2周内,肠道菌含量少(细菌具有合成维生素K的功能),容易出现维生素K缺乏,此外发生球虫病时,也会引起维生素K的缺乏。

维生素K主要来源于青绿饲料、鱼粉和维生素K制剂,生产中添加的多是人工合成的维生素K。在生产实际中,如果出现饲料霉变或发生疾病,均会加大鸭和鹅对维生素K的需要量。一般情况下,日粮中补充2～3毫克/千克的维生素K即可满足鸭和鹅的需要。

5. 维生素B_1(硫胺素)

维生素B_1是α-酮酸脱氢酶系的辅酶,以焦磷酸硫胺素(TPP)的形式参与体内糖代谢,是体内碳水化合物代谢所必需的物质。当维生素B_1缺乏时,丙酮酸不能氧化,造成神经组织中的丙酮酸和乳酸积累,能量供应减少,以致影响神经组织、心肌的代谢和功能,发生多发性神经炎,抽搐痉挛,头向后弯,呈"观星"状,食欲减退,羽毛松乱,无光泽。维生素B_1能抑制胆碱酯酶活性,减少乙酰胆碱的水解,具有促进胃肠道蠕动和腺体分泌,保护胃肠道的功能。维生素B_1缺乏时,出现消化不良、食欲不振、体重减轻的症状,青绿饲料、糠麸、胚芽、优质干草、豆类、发酵饲料和酵母粉中均含量丰富。每千克日粮中,鸭和鹅对维生素B_1的需要量一般为1～2毫克。

6. 维生素B_2(核黄素)

维生素B_2在体内以FMN和FAD的形式作为黄素酶的辅酶,参与生物氧化过程,与碳水化合物、脂肪和蛋白质代谢有关,提高饲料的利用效率。维生素B_2是B族维生素中最易缺乏的一种,缺乏时生长缓慢,腿部瘫痪,足跟关节肿胀,趾向内弯曲成拳状(卷曲爪),皮肤干燥而粗糙;种鸭和种鹅的产蛋率、种蛋受精率和孵化率下降。维生素B_2主要存在于青绿

饲料、干草粉、饼（粕）类饲料、糠麸及酵母中，动物性饲料鱼粉和血粉中含量也较高，谷类籽实、块根、块茎类饲料中含量较少。每千克日粮中，鸭、鹅对维生素 B_2 的最低需要量为 2~4 毫克。

7.维生素 B_3（泛酸）

维生素 B_3 是泛解酸与 β-丙氨酸缩合而成的一种酰胺类似物，是体内合成辅酶A的原料。以乙酰辅酶A形式参与机体代谢，同时也是体内乙酰化酶的辅酶，对糖、脂肪和蛋白质代谢过程中乙酰基转移具有重要作用。维生素 B_3 缺乏时，易发生皮炎，羽毛粗乱，生长受阻，胫骨短粗，喙、眼及肛门边、爪间及爪底的皮肤裂口发炎，形成痂皮。种蛋的孵化率下降，胚胎死亡率升高。维生素 B_3 广泛存在于动植物饲料中，酵母、米糠和麦麸是良好的来源。每千克日粮中，鸭、鹅对维生素 B_3 的需要量一般为 10~30毫克。

8.胆碱（维生素 B_4）

胆碱是构成卵磷脂的成分，为氨基酸等合成甲基的来源，帮助血液中脂肪的转移，节约蛋氨酸，促进生长，减少脂肪在肝脏内沉积。胆碱缺乏时，表现为脂肪代谢障碍，形成脂肪肝，胫骨短粗，关节变形出现"溜腱症"，生长迟缓，产蛋率下降，死亡率升高。胆碱与其他水溶性维生素不同，其可以在体内合成，并且作为体组织的结构成分而发挥作用，因此鸭和鹅对胆碱的需求量都较大。鱼粉、豆粕、糠麸、酵母、小麦胚芽中含胆碱较多。一般体内合成的量不能满足机体的需求时，必须在日粮中添加胆碱，雏鸭每千克日粮应含胆碱 1 300 毫克，蛋鸭与种鸭均为 800~1 000 毫克，鹅为 500~2 000 毫克。

9.维生素 B_5（烟酸）

维生素 B_5，是抗癞皮病维生素，为皮肤和消化道机能所必需，有助于产生色氨酸。维生素 B_5 在体内主要以辅酶Ⅰ（NAD）和辅酶Ⅱ（NADP）的形式参与机体代谢，在生物氧化中起传递氢的作用，在能量利用及脂肪、碳水化合物和蛋白质代谢方面都有重要作用，具有保护皮肤黏膜的正常机能。缺乏时，幼雏食欲不振、生长缓慢、羽毛粗乱、皮肤和脚有鳞状皮炎，跗关节肿大，类似骨粗短症、溜腱症。缺乏时，成年鸭和成年鹅发生黑舌病，舌和口腔呈暗红色炎症，羽毛脱落，产蛋量、孵化率下降、胚胎死亡、出壳困难或出弱雏。

烟酸广泛存在于动植物饲料中，但植物性饲料及它们的副产品中的烟酸大多以多糖复合物的形式存在,而不能被利用,尤其是幼雏对天然饲料中烟酸的利用率极低。虽然色氨酸可以转化为烟酸,但是鸭饲粮中色氨酸常常处于临界缺乏状态,且转化率较低,仅为60:1。因此,鸭对烟酸的需要量远远高于鸡,一般为每千克日粮中35~60毫克,鹅为10~70毫克。

10. 维生素 B_6

维生素 B_6 包括吡哆醇、吡哆胺和吡哆醛,三者的生物活性相同。维生素 B_6 是转氨酶、氨基酸脱羧酶及半胱氨酸脱硫酶的辅酶,有抗皮肤炎症的作用,与机体蛋白质代谢有关。缺乏时,机体内的多种生化反应都遭到破坏,特别是氨基酸的代谢障碍,引起鸭和鹅的食欲不振、生长不良、中枢神经紊乱、兴奋性增高、痉挛等症状和皮炎、脱毛及毛囊出血。成年鸭和鹅产蛋率和孵化率下降、体重下降、生殖器官萎缩等症状。植物性饲料中含维生素 B_6 较多,动物性饲料和块根、块茎中含量较少。每千克日粮中,鸭和鹅对维生素 B_6 的需要量一般为2~5毫克。

11. 维生素 B_7(生物素)

维生素 B_7 是机体内许多羧化酶的辅酶,参与脂肪和蛋白质的代谢。缺乏时,鸭和鹅生长缓慢,羽毛干燥,易患溜腱症与胫骨短粗症,爪底、喙边及眼睑周围裂口变性发炎,产蛋率和孵化率降低,胚胎骨骼畸形,呈鹦鹉嘴。维生素 B_7 广泛存在于动植物蛋白质饲料和青绿饲料中,一般不会出现缺乏,但是霉变和日粮中脂肪酸败及抗生素的使用等因素会影响鹅对维生素 B_7 的利用。

12. 维生素 B_{11}(叶酸)

维生素 B_{11} 在植物的绿叶中含量十分丰富,故又被称为叶酸。叶酸在体内以四氢叶酸的形式作为一碳基团代谢的辅酶,参与嘌呤、嘧啶及甲基的合成等代谢过程,与蛋白质和核酸代谢有关,能促进红细胞和血红蛋白的形成。缺乏叶酸时,鸭和鹅的生长速度受阻,羽毛褪色,发生血红细胞性贫血与白细胞减少,产蛋率、孵化率下降,胚胎死亡率升高。叶酸在动植物饲料中的含量都比较丰富,通常不会发生缺乏症,但长期饲喂磺胺类药物或广谱抗菌药,可能会导致叶酸缺乏。

13. 维生素 B_{12}(氰钴素)

维生素 B_{12} 是唯一含有金属元素的维生素,参与核酸合成、甲基合成、三大营养物质代谢,维持造血机能的正常运转,在糖与丙酸代谢及胆碱

的合成中具有重要作用,能提高植物性饲料蛋白质的利用率,促进红细胞的发育。缺乏时,鸭和鹅表现出生长停滞、羽毛粗乱、贫血、肌胃糜烂、饲料转换率低,骨粗短,种蛋孵化率降低,弱雏增加。维生素B_{12}主要存在于动物性饲料中,其中肉骨粉、鱼粉、肝脏、肉粉中含量较高,植物性饲料中几乎不含维生素B_{12}。

14. 维生素C

维生素C又称为抗坏血酸,参与体内一系列代谢过程,包括细胞间质中胶原的生成和氧化还原反应,促进肾上腺皮质激素的合成和肠道对铁的吸收,使叶酸还原成四氢叶酸,具有抗氧化作用,保护机体其他化合物免受氧化,提高机体的免疫能力和抗应激能力。缺乏时,会发生维生素C缺乏症,毛细血管通透性增大,黏膜出血,机体贫血,生长停滞,代谢紊乱,抗感染和抗应激能力降低,还会影响蛋壳的质量。维生素C在青绿多汁饲料中含量丰富,可由葡萄糖合成维生素C。

(五)水

水是构成鸭和鹅各组织器官的重要组成成分,是血液、细胞间质和细胞内液的基本物质。体内营养物质的消化、吸收、运输、利用及废物排出、体温调节都依赖水的作用。对鸭和鹅来说,缺水比缺食危害更大,缺水时将导致食欲减退,饲料转化率和消化率下降,干扰体内所有代谢过程,降低产蛋量,影响生产力的发挥。如果对产蛋期鸭、鹅停止供水1天,产蛋量很快下降,要经过几周的时间,才能使产蛋量恢复正常。当体内损失1%~2%水分时,会引起食欲减退,损失10%水分会导致代谢紊乱,损失20%则发生死亡现象。鸭和鹅的饮水量因季节、饲养方式、生产力而异,一般夏季饮水高于冬季,圈养高于放牧,生长速度快、产蛋量高的鸭饮水更多。生产中,必须给鸭、鹅供应充足水分,同时要注意水质卫生,避免有毒、有害及病原微生物的污染,饮水质量须符合国家《无公害食品畜禽饮水水质》标准。

二 鸭、鹅的饲养标准

(一)饲养标准

饲养标准是指在营养需要标准的基础上增加一定保险系数后的标准,饲养标准也叫推荐量或推荐标准。饲养标准根据不同的种类、年龄、生产用途的不同,科学地规定应给予的能量和各种营养物质的数量,以

达到预期的生产目的。饲养标准是现代鸭和鹅生产中科学饲养的主要
依据之一。在实际应用的过程中由于地域、生产水平等的差异,在参考
使用某一标准时应以饲养标准为依据,结合本地的特色饲料原料,因地
制宜,灵活运用。在应用饲养标准时,观察实际饲养效果,如生长状况、
产蛋数、受精数、死淘数,根据实际生产情况不断总结经验,适当调整日
粮,使标准更加符合实际生产需要。随着动物营养学的发展和研究的深
入,现在的饲养标准不断进行修订、充实和完善,同时更加精细化,阶段
划分更加合理明显。

饲养标准种类有很多,大致分为两大类:一类是国家规定和颁布的
饲养标准,称为国家标准,如美国NRC饲养标准、英国AFRC饲养标准和
我国的GB饲养标准;另一类是大型育种公司根据各自培育的优良品种
和品系的特点,制定的符合该品种或品系营养需要的饲养标准,称为专
用标准。饲养标准根据水禽的不同种类、年龄、生产用途等,科学地规定
给予的能量和各种营养物质的数量,以达到预期的生产目的。饲养标准
是现代科学饲养的主要依据之一。但随着国家、地区、生产水平等的差
异,在实际参考应用中应灵活变化。饲养的品种、生产阶段、季节、生产
目标等不同,选取相应的饲养标准,不能生搬硬套。在应用饲养标准时,
必须观察实际饲养效果,如生产性能、产蛋数、受精率、死亡率等,需要根
据实际情况调整日粮,使标准更符合实际生产需要。

(二)鹅的饲养标准

鹅的饲养标准主要包括能量、蛋白质、必需氨基酸、矿物质和维生素
等指标。每项营养指标都有其特殊的营养作用,不足或超量均会对鹅产
生不良影响。能量的需要量用代谢能表示,蛋白质的需要量用粗蛋白质
表示,同时标出必需氨基酸的需要量,以便配制日粮时使氨基酸得到平
衡。配制日粮时,能量、蛋白质和矿物质的需要量一般按饲养标准中的
规定给出,维生素的需要量是按最低需要量制订的,也就是防止发生临
床缺乏症所需维生素的最低量。但在实际生产中,发挥最佳生产性能和
遗传潜力时的维生素需要量要远高于最低需要量,称为"适宜需要量"或
"最适需要量"。因此,在实际生产中,考虑到动物个体与饲料原料的差
异及加工贮存过程中的损失,维生素的添加量往往在适宜需要量的基础
上再加上一个保险系数(安全系数),确保鹅获得定额的维生素并能在体
内足额贮存,此添加量一般称为"供给量"。

对鹅的饲养标准研究比鸡和鸭少很多且相对落后,部分指标引用的

仍然是鸡的饲养标准。目前参考使用鹅的营养标准有美国NRC（1994年）、法国等的饲养标准（表6-1至表6-3），近年来扬州大学也提出以扬州鹅为代表的中型鹅的营养需要建议量（表6-4）。

表6-1　美国NRC（1994年）鹅的营养需要量

营养素	0~4周龄	4周龄以上	种鹅
代谢能（兆焦/千克）	12.13	12.55	12.13
粗蛋白质（%）	20	15	15
赖氨酸（%）	1.00	0.85	0.60
蛋氨酸+胱氨酸（%）	0.60	0.50	0.5
钙（%）	0.65	0.60	2.25
有效磷（%）	0.30	0.30	0.30
维生素A（国际单位）	1 500	1 500	4 000
维生素D_3（国际单位）	200	200	200
胆碱（毫克）	1 500	1 000	—
烟酸（毫克）	65.0	35.0	20.0
泛酸（毫克）	15.0	10.0	10.0
维生素B_2（毫克）	3.8	2.5	4.0

表6-2　法国鹅的营养需要量

营养素	0~3周龄	4~6周龄	7~12周龄	种鹅
代谢能（兆焦/千克）	10.87~11.7	11.29~12.12	11.29~12.12	9.2~10.45
粗蛋白质（%）	15.8~17.0	11.6~12.5	10.3~11.0	13.0~14.8
赖氨酸（%）	0.89~0.95	0.35~0.60	0.47~0.50	0.58~0.66
蛋氨酸（%）	0.40~0.42	0.29~0.31	0.25~0.27	0.23~0.26
含硫氨基酸（%）	0.79~0.85	0.56~0.60	0.48~0.52	0.42~0.47
色氨酸（%）	0.17~0.18	0.13~0.14	0.12~0.13	0.13~0.15
苏氨酸（%）	0.58~0.62	0.46~0.49	0.43~0.46	0.40~0.45
钙（%）	0.75~0.80	0.75~0.80	0.65~0.73	2.60~3.00
有效磷（%）	0.42~0.45	0.37~0.40	0.32~0.35	0.32~0.36
钠（%）	0.14~0.15	0.14~0.15	0.14~0.15	0.12~0.14
氯（%）	0.13~0.14	0.13~0.14	0.13~0.14	0.12~0.14

表6-3　苏联鹅的营养需要量

营养素	1~3周龄	4~8周龄	9~26周龄	种鹅
代谢能(兆焦/千克)	11.72	11.72	10.88	10.46
粗蛋白质(%)	20	18	14	14
粗纤维(%)	5	6	10	10
钙(%)	1.2	1.2	1.2	1.6
钠(%)	0.8	0.8	0.7	0.7
有效磷(%)	0.3	0.3	0.3	0.3
赖氨酸(%)	1.0	0.9	0.7	0.63
蛋氨酸(%)	0.5	0.45	0.35	0.30
蛋氨酸+胱氨酸(%)	0.78	0.70	0.55	0.55

表6-4　扬州中型鹅的营养需要量

营养素	0~4周龄	5~10周龄	后备	种鹅
代谢能(兆焦/千克)	11.00~11.40	10.85	9.50~10.30	10.45
粗纤维(%)	4.5~5.2	5.5~6.5	—	—
粗蛋白质(%)	19.5~21.0	17.0~19.0	10.0~11.0	16.0~17.0
赖氨酸(%)	0.90	0.65	0.50	0.66
蛋氨酸(%)	0.40	0.33	0.25	0.30
含硫氨基酸(%)	0.79	0.56	0.48	0.47
色氨酸(%)	0.17	0.13	0.12	0.16
苏氨酸(%)	0.80	0.80	0.44	0.45
钙(%)	0.80	0.80	0.65	2.6
有效磷(%)	0.42	0.37	0.35	0.36
钠(%)	0.30	0.30	0.30	0.30
氯(%)	0.25	0.25	0.25	0.25

(三)鸭的饲养标准

鸭的饲养标准研究相对鹅较多,我国2021年发布并实施《中华人民共和国农业行业标准肉鸭饲养标准》(NY/T 2122—2012)。该标准规定了肉鸭各生长阶段主要营养素需要量及肉鸭常用饲料原料的营养价值,适用于北京鸭、肉蛋兼用型肉鸭及番鸭与半番鸭,表6-5显示NY/T 2122—2012种商品代北京鸭营养需要量。表6-6显示美国NRC(1994)建议的北京鸭日粮营养物质需要量。

表6-5 商品代北京鸭的营养需要量

营养素	育雏期 1~2周龄	生长期 3~5周龄	肥育期6~7周龄	
			自由采食	填饲
表观代谢能(兆焦/千克)	12.14	12.14	12.35	12.56
粗蛋白质(%)	20.0	17.5	16.0	14.5
钙(%)	0.90	0.85	0.80	0.80
总磷(%)	0.65	0.60	0.55	0.55
非植酸磷(%)	0.42	0.40	0.35	0.35
钠(%)	0.15	0.15	0.15	0.15
氯(%)	0.12	0.12	0.12	0.12
赖氨酸(%)	1.10	0.85	0.65	0.60
蛋氨酸(%)	0.45	0.40	0.35	0.30
蛋氨酸+胱氨酸(%)	0.80	0.70	0.60	0.55
苏氨酸(%)	0.75	0.60	0.55	0.50
色氨酸(%)	0.22	0.19	0.16	0.15
精氨酸(%)	0.95	0.85	0.70	0.70
异亮氨酸(%)	0.72	0.57	0.45	0.42
维生素A(国际单位/千克)	4 000	3 000	2 500	2 500
维生素D_3(国际单位/千克)	2 000	2 000	2 000	2 000
维生素E(国际单位/千克)	20	20	10	10
维生素K_3(毫克/千克)	2.0	2.0	2.0	2.0
维生素B_1(毫克/千克)	2.0	1.5	1.5	1.5
维生素B_2(毫克/千克)	10	10	10	10
烟酸(毫克/千克)	50	50	50	50
泛酸(毫克/千克)	20	10	10	10
维生素B_6(毫克/千克)	4.0	3.0	3.0	3.0
维生素B_{12}(毫克/千克)	0.02	0.02	0.02	0.02
生物素(毫克/千克)	0.15	0.15	0.15	0.15
叶酸(毫克/千克)	1.0	1.0	1.0	1.0
胆碱(毫克/千克)	1 000	1 000	1 000	1 000
铜(毫克/千克)	8.0	8.0	8.0	8.0

续表

营养素	育雏期 1~2周龄	生长期 3~5周龄	肥育期6~7周龄	
			自由采食	填饲
铁(毫克/千克)	60	60	60	60
锰(毫克/千克)	100	100	100	100
锌(毫克/千克)	60	60	60	60
硒(毫克/千克)	0.30	0.30	0.20	0.20
碘(毫克/千克)	0.40	0.40	0.30	0.30

表6-6 美国NRC(1994)北京鸭的营养物质需要量

营养素	0~2周龄	3~7周龄	种鸭
代谢能(兆焦/千克)	12.13	12.55	12.13
粗蛋白质(%)	22	16	15
精氨酸(%)	1.1	1.0	1.1
异亮氨酸(%)	0.63	0.46	0.38
亮氨酸(%)	1.26	0.91	0.76
赖氨酸(%)	0.90	0.65	0.60
蛋氨酸(%)	0.40	0.30	0.27
蛋氨酸+胱氨酸(%)	0.70	0.55	0.50
色氨酸(%)	0.23	0.17	0.14
缬氨酸(%)	0.78	0.56	0.47
钙(%)	0.65	0.75	2.75
有效磷(%)	0.40	0.36	0.40
氯(%)	0.12	0.12	0.12
钠(%)	0.15	0.15	0.15
铜(毫克/千克)	8	6	6
碘(毫克/千克)	0.40	0.40	0.40
铁(毫克/千克)	80	80	80
锰(毫克/千克)	50	40	40
镁(毫克/千克)	500	500	500
硒(毫克/千克)	0.20	0.15	0.15
锌(毫克/千克)	60	60	60

续表

营养素	0~2周龄	3~7周龄	种鸭
维生素A(国际单位/千克)	2 500	2 500	2 500
维生素D₃(国际单位/千克)	400	400	900
维生素E(国际单位/千克)	10	10	10
维生素K₃(毫克/千克)	0.3	0.5	0.5
烟酸(毫克/千克)	55	55	55
泛酸(毫克/千克)	11	11	11
吡哆醇(毫克/千克)	2.5	2.5	3.0
核黄素(毫克/千克)	4.0	4.0	4.0
维生素B₁₂(毫克/千克)	0.010	0.005	0.010
生物素(毫克/千克)	0.15	1.10	0.15
胆碱(毫克/千克)	1 300	1 000	1 000
叶酸(毫克/千克)	0.50	0.25	0.50
硫胺素(毫克/千克)	2	2	2

▶ 第三节　鸭与鹅的日粮配方设计方法

一　配合饲料及配制设计原则

(一)配合饲料

配合饲料指用两种以上的饲料原料,根据畜禽的营养需要,按照一定的饲料配方,经过工业生产的,成分平衡、齐全,混合均匀的商品性饲料。根据产品的使用方法不同,配合饲料又分为完全配合饲料、预混合饲料和补充饲料等。配合饲料营养全面而比例适当,能充分发挥畜禽生产能力,提高饲料利用效率,有利于动物的生长和生产,获得较高的经济效益。配合饲料充分合理利用各种饲料资源,可以根据市场各种原料的价格选择合适的饲料原料,同时可以根据不同季节的变化选择适合的饲料原料。配合饲料的使用推动了科学饲养水平,减轻畜牧从业者的工作强度,提高劳动生产率。

（二）饲料配方设计原则

配合饲料配制是根据饲养标准结合具体的饲养条件、品种、年龄等进行科学配合,鸭、鹅饲料的配制要遵循以下基本的原则。

1.科学性原则

要以饲养标准为依据选择适当的饲养标准。根据鸭、鹅的不同生产类型、不同生理阶段及不同生产水平,要选择适合鸭和鹅消化生理特点的饲养标准,并在饲养过程中根据实际情况进行调整,结合目前已有的饲养标准,充分考虑和参考。如果受条件限制,饲养标准中规定的各项营养指标不能完全达到时,也必须满足对能量、蛋白质、钙、磷、食盐等主要营养的需要。

2.多样化原则

饲料要求多样化,不同饲料种类的营养成分不同,多种饲料可起到营养互补的作用,以提高饲料的利用率。不仅要考虑能量、蛋白质、矿物质和维生素等营养含量是否都达到饲养标准,同时还必须考虑营养物质的质量。饲料原料多样化,彼此取长补短,达到营养平衡。

3.经济性实用原则

掌握当地的饲料资源及价格变化,尽量选用当地营养丰富、价格低廉、原料新鲜、品质良好的饲料原料。同时在某一饲料原料波动时,能够找到合适的替代品,通过科学的饲料搭配发挥饲料资源的最大生物学价值。

4.灵活性原则

日粮配方根据饲养效果、饲养管理经验、生产季节和饲养户的生产水平进行适当调整,但调整的幅度不易过大,一般控制在10%以下。

5.根据消化生理特点选用适宜的饲料

鸭是杂食性动物,食性较广,但是高产鸭对粗饲料的利用率较低,此外,鸭饲料中必须有一定量的动物性饲料。鹅是草食性家禽,可大量利用含粗纤维高的饲料,特别是在维持饲养期中,鹅的饲料粗纤维含量可达10%。

6.注意饲料中能量和蛋白质的比例、钙和磷的比例

不同品种、同一品种的不同生长阶段的生产性能和生理状态是不同的,对饲料中能量和蛋白质的比例、钙磷比要求也不同。育成期对蛋白质的比重要求较高,育肥期对能量的要求较高,产蛋期则对钙、磷及维生

素的要求较高且平衡。能量饲料中蛋白质含量较少,而且蛋白质的质量也较差,特别是缺少蛋氨酸和赖氨酸,钙、磷和维生素也不足,因此在配制过程中,补充蛋白质、赖氨酸、微量元素和维生素添加剂。

7.注意日粮的容积

日粮的容积应与水禽消化道相适应,如果容积过大,水禽虽有饱腹感,但各种营养成分仍然不能满足需要;如果容积过小,虽满足营养成分的需要,但因饥饿感而导致不安,不能正常生长。鸭和鹅具有根据日粮能量水平调整采食量的能力,但这种能力也是有限的,日粮营养浓度太低,采食不到足够的营养物质,特别是在育成期和产蛋期,要控制粗纤维的含量。

8.注意饲料的适口性

饲料的适口性直接影响鸭和鹅的采食量,适口性不好,动物不爱吃,采食量小,难以满足营养需要。此外,还应注意饲料对鸭和鹅产品品质的影响。

(三)鸭、鹅饲料配制注意点

在鸭和鹅的饲料中,要注意各类原料使用的比例,籽实类及其加工副产品为30%~70%,块根茎类及其加工副产品为15%~30%,动物性蛋白为5%~10%,植物性蛋白为5%~20%,青饲料和草粉为10%~30%,钙粉和食盐酌情添加。饲料原料要保持相对稳定,饲料原料的改变会不可避免地影响鸭和鹅消化过程而影响生产,需要改变时进行调整、逐步过渡。

鸭和鹅的配制要符合国家绿色、无公害畜禽养殖的饲料标准。在配制饲粮的过程中,要符合国家饲料卫生标准,原料的品质必须达标;其次符合国家绿色、无公害畜禽养殖的饲料标准,严禁使用的各种物质不能出现在饲料中。

二 饲料配合方法

饲料配方设计的方法有很多,采用手工计算的方法有公式法、方形法、试差法等。手工计算由于受到计算速度和方法的限制,所得配方只能满足部分营养参数的要求,难以得到最优配方。随着科学技术和计算机的发展,采用复杂的线性规划法、多目标规划法、概率模型法来设计最优饲粮配方已成为可能。采用这些方法设计饲粮配方的优点是速度快、准确,能设计出最佳饲粮配方,是饲料工业现代化的标志之一。目前,不少饲料厂或畜禽养殖场采用电子计算机来完成饲粮配方设计。无论采用手工还是电子自动化进行配方的设计,基本原理都是一致的。现以试差法配制饲粮为例进行介绍。

(一)确定需要量

在综合考虑饲养品种、生理阶段、生产水平等各种因素的情况下,确定鸭、鹅日粮的营养需要量。参考某一标准时,必须根据当地的实际情况进行调整,必要时进行营养学试验。

(二)选择饲料原料

根据当地的饲料资源,选定所用饲料,饲料原料的好坏决定饲料成品的质量和成本价格。选用常规的、量大的、养分含量比较稳定的原料,这一工作比较容易完成,但在实际生产中为降低饲料成本,必须考虑一些当地比较多、养分含量不太稳定或不太清楚的原料,如农作物副产品、糟粕类产品。这种情况下,要做一些养分分析,配方饲料生产出来可进行小规模饲养试验。

鸭和鹅常用的能量饲料有玉米、高粱、小麦(含次粉)、稻谷(含糙米、碎米)、大麦、粟(含谷子)、甘薯、木薯、淀粉副产品、小麦麸、米糠、米糠饼、米糠粕;鸭和鹅常用的蛋白质饲料有大豆、黑大豆、豌豆、蚕豆、大豆饼(粕)、菜籽饼(粕)、棉籽饼(粕)、花生仁饼(粕)、向日葵仁饼(粕)、玉米胚芽粕、鱼粉和鱼浸膏、血粉、肉骨粉、羽毛粉、蚕蛹、单细胞蛋白质、氨基酸类。鸭和鹅常见的矿物质饲料主要有钙源饲料石粉、贝壳粉、蛋壳粉;磷源饲料主要有磷酸氢钙;其他的矿物质饲料主要有食盐、碳酸氢钠、麦饭石、沸石。配制饲料时根据实际情况选择合适的饲料原料。

(三)设计饲料配方

通过饲料营养成分和营养价值表查出所选饲料原料的营养成分含量。初步确定各类饲料的大致百分比,并计算出配合饲料中不同饲料所含有的各种主要营养成分。计算方法是用每一种饲料在配合料中所占的百分比,分别乘以该饲料的代谢能、粗蛋白、粗纤维、钙、磷、赖氨酸、蛋氨酸+胱氨酸含量,再将各种饲料的每项营养成分进行累加,得出初拟配合饲料配方中每千克饲料所含有的主要营养成分指标表,并与饲养标准相比较,调整与其基本相符的水平。根据饲养标准、预防动物疾病等的需要使用适量的添加剂,如氨基酸、维生素、矿物质等。

三 配合饲料的质量检测

配合饲料的感官、水分、混合均匀度、粗蛋白、粗灰分、粗纤维、钙、磷、食盐等为判定合格指标,检验中有一项不符合标准的应重新取样进行复验,复验结果中有一项不合格即判定为不合格。代谢能、粗脂肪、成品粒度为参考指标,必要时可按本标准检测或验收。配合饲料包装、运输和储存,必须符合保质、保量、运输安全和分类、分等级储存的要求,严防污染。

绿色养殖的饲料卫生应符合国家无公害产品相关标注中的《中华人民共和国国家标准饲料卫生标准》(GB 13078—2001)。目前,关于鸭的配合饲料质量标准有中华人民共和国行业标准《关于生长鸭、产蛋鸭、肉用仔鸭配合饲料》(GB/T 10262—96),规定了生长鸭、产蛋鸭、肉用仔鸭配合饲料的技术要求、试验方法、检测规则、判定规则及标签、包装、运输、储存要求。鹅相关饲料可参考该标准相关要求。《关于生长鸭、产蛋鸭、肉用仔鸭配合饲料》(GB/T 10262—96)相关规定具体如下:①配合饲料在感官上要求色泽一致,无发酵霉变和结块、异块,异臭。②水分:北方不高于14.0%,南方不高于12.5%。③成品粒度:肉用仔鸭前期配合饲料、生长鸭前期配合饲料99%通过2.80毫米编织筛,但不得有整粒谷物,1.40毫米编织筛筛上物不得大于15%;肉用仔鸭中后期配合饲料、生长鸭中后期配合饲料99%通过3.35毫米编织筛,但不得有整粒谷物,1.70毫米编织筛筛上物不得大于15%;产蛋鸭配合饲料全部通过4.00毫米编织筛,但不得有整粒谷物,2.00毫米编织筛筛上物不得大于15%。④混合均匀度:配合饲料混合均匀,其变异系数不大于10%。

▶ 第四节 鸭与鹅饲料的加工方法

一 鸭、鹅饲料加工工艺和设备

(一)清洗工序和设备

用作饲料的谷物类原料,在贮藏和运输过程中常有可能混入各种杂物,这些混杂物在加工时会损坏机器,造成生产事故;在饲料成品中也会危害鸭和鹅的健康,降低产品质量。因此,加工前有必要对原料进行清理,包括筛选和磁选两个步骤。

筛选清除非铁磁杂质,是利用一层或数层筛面,与被清理的物料产生相对运动,按物料颗粒进行分选。筛选的对象为散粒群体,在振动或运动时各种颗粒会按比重、粒度、外形表面的不同分为不同的层次。磁选清除铁质,利用磁性金属杂物和物料的磁化率的不同来实现清选。磁选设备都是磁体,每一个磁体有两个磁极,磁极周围存在磁场。磁性物质进入磁场空间后,将被磁化和被磁极面吸住,而粮谷等非磁性物料,不会磁化。当混合有磁性杂质的物料通过磁场时,在磁力和机械力的作用下,物料和磁性各按不同的轨迹运动,从而使两者分离。

(二)粉碎工序和设备

粉碎是减小饲料粒度最常用的加工方法之一,在饲料加工中,需要进行粉碎的物料重占总重的50%~80%,动力消耗占整个饲料厂的30%~90%,是最重要的一道工序。粉碎是在外力作用下,克服物料分子间的内聚力,使其碎裂而形成新表面的过程。在此过程中随着能量的消耗,颗粒的体积由大变小,单位质量的表面积由小增大。粉碎物料的功耗,与物料的特性、粉碎粒度及采用的粉碎方法等因素密切相关,机制十分复杂。为减少粉碎过程中的能量消耗,可以从选用性能优良的粉碎机、确定合理的粉碎工艺改变物料的结构力学等方面来考虑。物料被粉碎后,表面积增大,增加饲料暴露的表面积以利于动物消化和吸收,同时又利于混合均匀制粒。动物营养学研究表明,减少颗粒尺寸,改善了干物质、氮和能量的消化和吸收,减少了料肉比。物料粉碎改善和提高配料、混合、制粒及输送等后续工序的质量和效率。例如:微量元素添加剂及其载体,只有粉碎到一定粒度,保证其有足够的颗粒数,才能满足混合均匀度,制粒用的粉料需要粉碎细一些,才能获得最佳的制粒效果。物料粉碎后的最适粒度,随饲养对象及不同生长阶段而不同,并非粉碎物料的粒度越细越好,若过细的微尘反而易引起呼吸系统和消化系统障碍。

目前应用的粉碎加工方法主要有击碎、磨碎、压碎和锯切碎。击碎是利用安装粉碎室内的许多高速回转锤片对饲料撞击而破碎,利用这种方法的有锤式粉碎机和爪式粉碎机,而且应用广。磨碎是利用两个磨盘上带齿槽的坚硬表面,对饲料进行切削和摩擦而破裂饲料。利用正压力压榨饲料粒,并且两磨盘有相对运动,因而对饲料粒有摩擦作用。工作面可做成圆盘形或圆锥形。该法仅用于加工干燥而不含油的饲料。它可以将饲料磨碎成各种粒度的成品,而含有大量的粉末,饲料温度也越

高。钢磨的制造成本较低,所需动力较小,但成品中含铁量偏高,目前应用较少。压碎是利用两个表面光滑的压辊,以相同的速度相对转动,被加工的饲料在压力和工作表面发生摩擦的作用下而破碎,该法难以充分地粉碎饲料,多用于压扁燕麦。锯切碎是利用两个表面有齿而转速不同的对辊,将饲料锯切碎。选择粉碎方法时,首先考虑被粉碎物料的物理机械性能。对于特别坚硬的物料,击碎和压碎方法很有效;对韧性物料用研磨为好;对脆性物料以锯切劈裂为宜;谷物饲料粉碎以击碎及锯切为佳;对含纤维多的物料以磨盘磨为好。

(三)配料工序与设备

配料是按照设计的饲料配方的要求,采用特定的配料装置,对多种不同品种的饲料用原料进行准确称量的过程。配料工序是影响配合饲料质量的关键,是饲料工厂生产过程中的关键性环节,配料秤的性能一般要做到灵敏性、稳定性和不变性。配料设备按工作原理有重量式和容积式两种,按工作方式有分批配料和连续配料,按自动化程度有自动配料和人工配料。重量式配料装置是以各种配料秤为核心的配料装置,它是按照物料的重量进行分析或连续地配料称量。分批重量配料装置的配料精度及自动化程度都较高,对不同的物料具有较好的适应性,但其结构复杂,造价高,技术要求高,自动化程度高的大中型饲料厂广泛采用。容积式配料装置,按照物料的容积比例大小进行连续或分批配料,这种配料装置因易受物料特性、料仓结构形式、物料充满程度变化等诸多因素的影响。

(四)混合工序与设备

混合是指两种或两种以上不同成分的物料在外力作用下产生运动,在运动中各颗粒得以均匀分布。混合式生产配合饲料中将配合后的各种物料混合均匀的一道工序,它是确保配合饲料质量和提高饲料效果的主要环节。在鸭、鹅的饲养生产过程中,配合饲料中的各种组分如果混合不均匀,将显著影响生长发育,轻者降低饲养效果,重者造成死亡。因此,混合均匀是配合饲料混合的基本工艺要求,也是评定混合机工艺性能的一项基本指标。一般在饲料工厂中存在两种混合方式:一种是预混合,即各种动物所需要的微量元素包括维生素、矿物质、氨基酸等与载体(稀释剂)的预先混合,为了在不影响微量原料均匀分布的前提下,缩短全价配合饲料的混合周期;另一种是最后阶段的混合,各种饲料组分,按原料配比的要求,由计量器计量进料,进入混合机,制成动物生长所需的全价配合饲料。

不同组分的物料在混合室内混合,混合过程主要有对流混合、扩散混合、剪切混合3种方式。混合机的工作部件驱使物料运动,由于摩擦的作用,这种运动促使所有物料颗粒成团而发生位置移动,这种造成物料整体性流动的混合方式称为对流混合。物料在运动过程中,以微粒体为单元在其四周做无定向的随机运动,使各组分的粒子在局部范围内扩散,达到均匀分布,这种混合方式被称为扩散混合。物料颗粒群体在运动中由于摩擦彼此间形成滑动,碰撞剪切面,引起局部混合均匀,这种混合方式被称为剪切混合。物料在混合机内的运动状态比较复杂,有时会同时存在以上3种混合方式。

二 鸭、鹅饲料加工主要流程

(一)小型饲料加工机组工艺流程

应用较广泛的是时产1吨左右的小型机组,采用先配料、后粉碎工艺,适用小型饲料厂和饲养场。该类机组多采用框架式组装,分3层。机组工作时由人工配料,也可采用自动配料。粒料经下料坑、螺旋输送机、斗式提升机、初清筛清清理进入粉碎机上方的缓冲仓。粉料经称重后由下料坑经斗式提升机进入混合机上方缓冲仓。混合好的物料可送入成品仓,也可进入待制粒仓制粒。制粒时,粉状料由待制粒仓出来,经给料器、调质器进入制粒机,压制成型的湿热颗粒经冷却器冷却干燥,通过辊式碎粒机或旁通,经斗式提升机送入分级筛进行分级,粉料返回制粒机重新制粒,粒料送至成品仓。成品仓下由打包秤将成品料称重,打包出厂。

这类机组工艺流程简明,但人工配料、人工打包,工人劳动强度大,配料时易出现失误差,从而造成质量不稳定。由于工艺流程简单合理,整个机组结构紧凑,适应性强,对厂房要求不高,因此投资少、见效快。

(二)现代化饲料加工工艺流程

现代化的饲养业,要求饲料加工业为其提供质优价低的各种配合饲料产品。采用现代化的饲料,加工工艺流程方能取得较好的规模效益,有利于在竞争中立于不败之地。目前一些新建的饲料厂都采用先进的工艺流程。例如:在原料清理、接收工序上,不但主料要进行清理,辅料也要清理;在原料的粉碎上,采用先进的二次粉碎工艺,并且采用自动饲喂系统控制喂料量,使粉碎效率大大提高,电耗降低;在配料工艺上多采

用多仓数称自动配料系统;在制粒工艺上,采用蒸汽调质制粒和二次制粒工艺。

由于在生产的各工序上都采用先进的工艺和设备,生产的自动化程度大大提高,产品质量稳定,竞争能力增强。现代饲料加工工艺的主要特点:工艺流程合理,以满足多种配方、多种产品的生产需要;自动化程度高,全生产过程可由控制室控制,操作在模拟屏上显示,便于统一指挥生产;也可由各工序手动单级控制,劳动生产率高,规模效益好,一般产量都在5万吨以上;工作效率高,性能可靠;标准化、自动化程度高,可加快建厂速度,提早见效。

三 鸭、鹅饲料的包装及仓储

饲料的储存和包装方式与其质量有很大的关系,包装通过影响饲料水分活度和氧气浓度而间接影响饲料的霉变。包装密封性好,饲料水分活度可保持稳定,袋内氧气由于饲料和微生物等有机体的呼吸作用的消耗而逐渐减少,二氧化碳的含量增加,从而抑制微生物生长。如果包装的密封性不好,饲料很容易受外界湿度的影响,袋内水分活度高,氧气充足,为微生物生长提供很好的条件,饲料很容易发霉。

配合日粮的质量除受原料质量的影响外,还取决于生产过程的管理及使用前的合理储存。饲料储存在干燥、阴凉的地方,饲料就能保持较久。高温高湿条件下,维生素和养分的被破坏速度会加快。饲料储存仓库的湿度一般控制在65%以下为宜。虽然霉菌抑制剂和抗氧化剂的添加有助于延长饲料的贮存期,但也应在保质期内用完。

参考文献

[1] 陈国宏,王继文,何大乾,等.中国养鹅学[M].北京:中国农业出版社,2013.

[2] 张海彬.绿色养鸭新技术[M].北京:中国农业出版社,2007.

[3] 黄炎坤,韩占兵.新编水禽生产手册[M].郑州:中原农民出版社,2004.

[4] 彭祥伟,梁青春.新编鸭鹅饲料配方600例[M].北京:化学工业出版社,2009.

[5] 陈国宏.养鹅配套技术手册[M].北京:中国农业出版社,2012.

[6] 李健,郁川,张旻,等.鸭解剖组织彩色图谱[M].北京:化学工业出版社,2016.

[7] 刘志军,李健,赵战勤,等.鹅解剖组织彩色图谱[M].北京:化学工业出版社,2017.

[8] 侯水生,周正奎.肉鸭种业的昨天及今天和明天[J].中国畜牧业,2021(18):

23-26.

［9］吴永保.蛋氨酸调控北京鸭脂肪沉积机制研究［D］.中国农业科学院,2021.

［10］冯宇隆.维生素A对北京鸭生长发育和肠道健康的调节作用与机理研究
［D］.中国农业科学院,2020.

［11］陈晓帅.稻谷部分副产物的营养价值评定及其在仔鹅上的比较研究［D］.
扬州大学,2021.

［12］金志明.不同饲养模式下扬州鹅生产性能比较及饲养效益评价［D］.扬州
大学,2022.

［13］商桂敏,王恒,高春明,等.鹅营养需要和参考饲料配方［J］.畜牧兽医科学
(电子版),2021(19):6-8.

［14］宿国强,符臻鸣,杨海明,等.小麦作为鹅饲粮的营养价值评定［J］.动物营
养学报,2022,34(1):340-348.

［15］崔虎,左建军,朱勇文,等.鸭微量元素营养需要量研究进展［J］.中国家禽,
2022,44(8):110-115.

［16］陈丽欣,信爱国,陈静文,等.肉用鸡、鸭钙营养需要量评定拟合模型比较研
究［J］.家禽科学,2022(4):5-11.